Ertong  *Xinli Baike*

儿童心理百科

〔日〕东山纮久 主编

沈璐华 译

求真出版社

图书在版编目（CIP）数据

儿童心理百科／（日）东山纮久主编；沈璐华译．—北京：求真出版社，2013.10

ISBN 978－7－80258－204－0

Ⅰ.①儿…　Ⅱ.①东…　②沈…　Ⅲ.儿童心理学　Ⅳ.①B844.1

中国版本图书馆CIP数据核字（2013）第207768号

儿童心理百科

主　　编：（日）东山纮久
责任编辑：沈璐华
出版发行：求真出版社
社　　址：北京市西城区太平街甲6号
邮政编码：100050
印　　刷：北京汇林印务有限公司
经　　销：新华书店
开　　本：680×960　1/16
字　　数：257千字
印　　张：24
版　　次：2013年10月第1版　2013年10月第1次印刷
书　　号：ISBN 978－7－80258－204－0/B·22
定　　价：45.00元
编辑热线：（010）83190219　83190238
销售服务热线：（010）83190289　83190292　83190297

前　言

平时我们身体有哪儿不舒服时，一般都会先查阅家庭医学书籍。不仅可缓解不安，还可帮助下决心是否去医院就诊。相信不少读者都是这么做的。

可是，为孩子的教导或心理问题而烦恼时，又该怎么办呢?

一般来说，身体疾病显而易见，去医院看病是理所当然的事。可对于心理问题，很少有人能轻而易举地下决心，去寻求专业人士的帮助。对孩子的心理问题，父母首先能做些什么呢?尽管家庭医学方面的书籍不少，可关于儿童心理方面的、可供家庭使用的实用书籍，目前市面上并不多见。

在此，需要提醒大家注意的是身体疾病与心理问题（烦恼或矛盾纠葛）的联系与区别。

首先，与身体疾病不同，心理问题并没有明确的因果对应关系，往往由多种因素共同作用而成。比如，孩子腹泻，可能是午餐时吃了不新鲜的炒鸡蛋造成的。可对心理问题，就很难这样简单明了地作出判断了。

其次，身体疾病的传染一定有其媒介，而心理问题同样也可影响他人。比如，家里有人患阑尾炎，其他家庭成员鲜有同时发作，但一家人可能相继患上感冒。那是由病毒传染所致。身体疾病不是毫无缘由地，一个人患上，其他家人都会同样患上。

可一个人出现心理问题时，却很容易将身边的人卷入其中。就像群体性食物中毒事件一样，也许是大家都置身于那种心理氛围之中吧？一个人心里的矛盾纠葛很容易对在同一环境中生活的其他人产生影响，负面情绪会进一步扩散，甚至再反过来影响本人，从而陷入恶性循环。

但是，心理问题的感染源并非是某个特定的个人，而是造成恶性循环的那种心理氛围。所以，对孩子的心理问题，既不能单纯指责本人，同样，也不能简单粗暴地批评是父母没有把孩子养育好。

因此，应对心理问题，找寻“感染源”或追究责任并非良策，甚至会适得其反。否则，被怪罪被谴责的人心里的矛盾纠葛会加剧，因此而生的负面情绪反过来又会影响其他人，最终导致恶性循环。

最后，心理问题也可能以身体症状的形式表现出来。到医院去看病时，医生可能诊断，“是压力引起的”，“身体并没什么问题”。虽然如此，但身体确实有症状，也不知该如何是好。也许医生会说，注意缓解压力吧，假以时日，症状会自然消退。可本人还是不知该如何操作。相信本书一定可帮助消解这方面的烦恼。

本书聚焦儿童的心理问题，共分十一章，其中第一章为心理学的理论性知识，介绍儿童的心理成长阶段和养育孩子的基本原则。如果对专业知识不感兴趣，可以直接进入后面的内容。第二至十一章着重介绍了儿童成长过程中可能出现的各种心理问题及其应对方法。既可以从感兴趣的部分读起，也可以在实际出现相关问题时查阅。如果对孩子某些言行感到不安，不妨随时翻阅本书，相信您一定能找到应对方法。当然，需要进一步详细了解时，不妨查阅有关条目方面的书籍，也可向专业人士咨询。

儿童心理问题是家人，尤其是父母的一大难题。衷心希望本书能增进您对儿童心理问题的理解，消解您的不安，帮助您营造更美好的家庭心理氛围，实现您和孩子的共同成长！

东山纮久

目　录

第4章 关于排泄的问题

第5章 关于安全感的问题

第 6 章 关于家庭的问题

第 7 章 关于学校的问题

第 8 章 关于未成年犯罪的问题

第 9 章 关于身体的问题

第10章 关于性的问题

第11章 关于心理创伤

第1章

关于心理成长

01 儿童的心理成长阶段

保持身、心、灵的健康

要拥有充实的人生，身、心、灵的健康和成长必不可少。虽然身、心、灵的维持、充实和发展从本质上得靠自己，但难以胜任的人也不在少数。自古以来，也不乏为此提供帮助的人们。

在远古时代，是巫师负责抚慰人们的身、心、灵。后来，随着文明的进步，职业出现分工，身体的健康开始由医生负责，心理也由心理方面的专业人士，比如现在的心理医生负责，而灵魂则是由宗教人士负责。心理是介于身体和灵魂之间的领域，很长一段时期，是医生和宗教人士兼而任之。

随着心理学特别是临床心理学的发展，人们越来越认识到需要有专业人士来应对心理方面的各种问题。例如，对于面临人生最大危机——死亡关头的临终患者，医生、心理医生以及宗教人士的帮助就必不可少。这一点已得到广泛认同。很难想象有谁愿意在医院的重症监护室里孤独地面对死亡。

很抱歉一开始就谈到死亡的话题，不过，死生亦大矣。同样，迎接新生命的诞生也需要身、心、灵的帮助。在日本，除了孕期一定会去看妇产科，许多人为了平安生产还会参拜神社或到寺庙祈福。为消除养育孩子的不安，还会借助前辈们或专家的智慧。

对医生、宗教人士，人们都熟稔有加，然而对心理的专业人士，人们的印象就极其淡薄了。在日本，心理专业人士的培养起步要比欧美晚 50 年。自己、孩子或家人遇到心理问题需要寻求帮助时，往往也不知道该如何是好。21 世纪，在医学进步的同时，临床心理学也应随之同步，我们每一个人也应该多学一点儿心理学。下面简单介绍一下儿童心理成长的各个阶段。

依赖期——信赖，0 ~1 岁

有这样一种说法，即与其他哺乳动物相比，人类的婴儿早出生了一年。动物出生后几个小时就能站立、行走、奔跑，跟着爸爸妈妈四处奔波求食；而我们人类呢，要学会走路、说话，学会跟爸爸妈妈吃一样的东西，都得花一年以上的时间。出生后第一年的婴儿，不得不全面依赖以母亲为主的养育者。无论大事小事，都得依赖他人，否则就无法生存。所以，这一时期的人际模式奠定了一个人一生的人际交往方式和世界观的基础，对基本人格的形成具有极其重要的意义。专家们特意将人生这一最初的人际模式称为初期人际模式。一个人是否善于赢得他人的疼爱或亲近，是否信赖他人，看待事物是积极的或是消极的，这些基本人格特点都是在人生的这一时期形成的。

接受期——体验，1 ~2 岁

在初期人际模式的基础上，幼儿开始主动接受周围的事物。在这个时期，幼儿还不会有意识地施与，只是单纯地接受和体验。在接受阶段的初期，要么全部接受，要么全部拒绝，还不懂得有选择性地接受一部分，或拒绝一部分。

在这个阶段，是否接受了好的事物，或是被迫接受了不好的事物，或是自己的愿望被拒绝无法得到满足等等，都会对以后的人生和对世界的感受方式产生很大影响。即便是遇到难以接受的事物，学会信赖的幼儿也会在养育者的帮助下予以接受，并拥有心力进行体验。这样的幼儿，也能够学会部分地接受或拒绝。

而没有心力进行这种体验的幼儿，结果只能是要么全部接受，要么全部拒绝。什么事不分出个青红皂白决不甘心、并强迫他人也这么走极端的人，问题的根源往往就出在这个时期。这个世界没有纯粹的善或纯粹的恶，只有可选择性地部分接受或拒绝的人，才能够为自己的人生营造出更广阔的空间，在现实生活中也才能如鱼得水。

施与期——释放，2 ~3 岁

接受以后就需释放，不然积存太多就可能崩溃。一味接受而不懂得施与的人，慢慢地别人也不会再施与给他了。所谓生命与人际，正是相互作用的。刚出生的婴儿，是不会有意识地释放和施与的。三个月以下的婴儿的微笑，被视为生理性微笑，并非有意识讨爸爸妈妈的欢心。尽管如此，看到婴儿的笑颜，爸爸妈妈们的喜悦仍是无以复加，愈发充满爱怜，这真是自然之妙啊！随着时间的流逝，婴儿开始意识到：自己微笑，爸爸妈妈就会开心，就会给自己“奖赏”。同时，除了父母及亲近的人，婴儿也开始感到不安和威胁，逐渐萌生人际关系意识。对让自己感到愉快的人，婴儿开始报之以友好；而让自己感到不快的人，则会报之以厌恶，从而开始有意识地释放自己。

有意思的是，爱与浊并存。别人的唾液令人恶心，但亲吻却很甜蜜。区别就在于是否有爱。别人孩子的大便脏，看见自家孩子的大便却不禁莞尔。但是，粪便原本就是脏的，在公共场合，必须按规矩行事。于是，对孩子的教导开始了。和父母之间允许的事，在公共场合却不一定可以。对孩子来说，活动范围的扩大也意味着自立的开始，不再完全依赖父母。在这之前，孩子想做什么就做什么，了无拘束，无所不能，而进入公共场合之后，行动开始受到限制，也开始体验到与父母的冲突。

顺利度过依赖期和接受期，并成功体验部分接受和部分拒绝的孩子，可以将这种冲突转化为人格的一部分，无需经历心理的伤害，学会释放的可与不可。而在依赖期或接受期受挫的孩子，则可能变得非常顽固、执拗、逆反，或过于老实。如果父母或周围的人过度反应，更可能深深伤害孩子，孩子的这种性格倾向也会愈加明显。

在这一时期，野生动物往往非常有耐心，总是温和地反复教导它们的幼崽。观察斑马、萨哈林红狐的教导方式，可以发现它们几乎没有与幼崽发生冲突的情形。所以，施与期是奠定人格中灵活性、柔韧性的时期。

竞争期——自立，3 ~6 岁

为了生存，地球上所有生物都不得不面对竞争，人类也不例外。但如果只有竞争，这个世界就会充满杀伐之气，为此，也需要合作予以平衡。如果将竞争比作经线，合作比作纬线，那么两者均衡交织，世界和人生就可确保和谐。但竞争和合作是自相矛盾的，不可兼而有之。要实现二者的平衡，则需发挥直觉，学会较量和妥协。

原本独自一人享有玩具的孩子，在这一阶段就会面临与小朋友的竞争，一开始是在公园、自己或小伙伴们的家里。自己玩着的玩具被抢走了，虽然可以哭着向妈妈求助，但妈妈不一定每次都会给自己撑腰。如果自己不去把玩具夺回来，那就只有永远依赖妈妈的份儿了，什么时候才能学会自立呢？妈妈们都明白这个道理。进入托儿所、幼儿园后，离开了妈妈，面对竞争时，孩子更得完全依靠自己了。自己想玩的玩具，只有靠自己的力量去夺回来，否则就没得玩儿。

成功度过人生最初的依赖期、接受期，学会释放规则并从中体验到快乐的孩子，自然拥有竞争力。他们切身体会到他人的温暖和人际交往的必要性，拥有部分地接受或拒绝的器量，因而能够依靠自己，学会自立。

很多不愿去上托儿所、幼儿园的孩子，大多有分离不安的倾向。他们还没有足够的自信和勇气去与人抗争，还没学会竞争与合作的平衡，结果玩具要么自己独占，要么被别人抢去。与人交涉时，他们还缺乏韧劲，没有学会在较量中达成自己的目的。

当代社会竞争激烈，从炽热的高考竞争可见一斑。竞争是父性的，合作则是母性的。在日本，从20世纪60年代开始，女性开始广泛参与社会生活。现在，事实上是绝大多数女性都被卷入竞争之中。合作（母性）的力量变弱了，人际关系也变得越来越生硬。只有合作，社会就会停滞不前；只有竞争，社会则将充满杀伐之气。

只有成功经历依赖期、接受期和施与期的孩子，才能学会竞争，否则就容易陷入两个极端：要么事事争强好胜，好斗成性；要么处处息事宁人，软弱可欺。

成长期——自持，6 ~10 岁

要实现竞争和合作的平衡，还需要从对方的视角考虑问题。在竞争中失败时需忍耐，胜利时也需顾念对方的感受，即在成长中学会自持。

人都是从失败中学习的。大家回顾自己的人生，是不是从失败中受益良多？自己都会感到惊讶吧？而一路春风得意、志得意满之后，是不是有摔得更重、跌得更惨的失败体验呢？此时更是痛彻心骨，悔不当初吧？后悔为滋生的骄傲而付出代价。

当然，失败也可能造成很深的心理伤害。这时，就需要其他力量的帮助了。这种力量可以来自外部，也可以来自内心。遇到重大失败时，两方面的力量都必不可少。

内心力量强大的人乐观，看待事物更加积极，即拥有肯定思维。他们是成功经历了人生最初的各个心理发展阶段的人。

无论在什么状况下，都肯定自己，守护自己的人，就是外部的帮助力量。失败时为自己哭泣，成功时分享自己的喜悦。失败时，如果周围的人都落井下石、幸灾乐祸，一个人就很难走出失败的阴影，重获自信。同样，好不容易获得成功，周围的人不是为自己高兴，而是劝勉要戒骄戒躁，不可得意忘形，只顾泼冷水，一个人也很难培养自信。

失败时能够忍耐，并从中吸取教训；成功时享受成功的喜悦又不盲目自大，始终心怀感激，这才是健全的人格。

（东山纮久）

02 养育孩子的原则

快乐原则

生物都是趋乐避苦的。乐利生，苦害生。人也是生物，当然也不例外。一个人长期处于不快乐的环境中，压力就会增大，就会选择逃避或改变。

乐与苦是所有感情的源泉。喜怒哀乐等各种情绪，归根结底都源于快乐和痛苦。一个人不可能永远生活在快乐中，但快乐与痛苦相权，只有快乐大于痛苦，心理才能健康成长。

是什么使父母和孩子的亲情纽带日益牢固呢？对孩子来说，父母是给自己带来快乐的存在。同样，在人际交往中，人们喜欢让自己感到愉快的人，讨厌让自己不开心的人。难得心情好了，偏偏遇到话不投机的人，多令人沮丧啊！

妈妈给孩子带来快乐：肚子饿了（苦），妈妈会给喂奶（乐）；尿布湿了（苦），妈妈会给换上干净的（乐）。所以，孩子信赖父母，依恋父母。对于自己喜欢的人的话语，孩子也往往乐于听从。当然，做父母的，有时不得不批评孩子，让孩子感到不快，但最终目的还是为了孩子的成长（乐），而且也必须是。

无益于孩子成长的批评、唠叨、谩骂，只会对孩子造成伤害。

例如，一位三岁孩子和妈妈一起散步。孩子可能挣脱妈妈的手，一会儿走到路牙子上，一会儿爬高高，专挑高低不平的路走，摇摇晃晃，磕磕碰碰，乐此不疲。妈妈会提醒危险并加以制止。有时妈妈说一两次就听了，但处于自立期的孩子就很难听进去了。妈妈可能反复提醒，不过在大多数情形并不管用。其实妈妈只需提醒两三次就够了，告诉他摔倒了会疼，然后在一旁守护。孩子可能一不小心踩到沟里去，把自己擦伤，号啕大哭起来。

现在该如何应对呢？越是反复提醒的妈妈，此时更可能气急败坏："都提醒你多少次了！看你不听妈妈的话，摔了吧！"训斥之后，再拍几下屁股。明明摔了个大跟头，疼，都哭得很伤心了，还要挨妈妈的骂，被揍屁股，孩子觉得更委屈了。当然，还有另外一种方法。孩子摔倒了，大哭起来。妈妈一边察看伤势，一边安慰"疼吧，宝贝儿，不哭了啊"，轻言细语抚慰一番。感受到妈妈的柔情，孩子就会明白不听妈妈的话会吃亏的，以后走路也会注意石头，摔跤也不会那么笨拙了。

如果养育者总是给孩子带来痛苦，孩子又怎能健康成长。教子失败的母亲，让孩子感到痛苦的情形一定不少吧？从前，一位武士从战场上给妻子写了一封信，寥寥数语，非常有名，"启：当心火灾，不可使小仙哭，养肥马。""不可使小仙哭"，就是不可使传家之子的小仙在哭泣中长大，这可是深得教子之妙啊！孩子哭是不开心的表现，孩子在不开心中长大，心灵就会扭曲，从前的人们是深知这一点的。当代精神分析的权威温尼科特（Donald Woods Winnicott）就曾指出，在儿童时期，只有愉快的体验大于不愉快的体验，心理才能健康成长。没有人愿意在眼泪和哭泣中长大。有的女孩子会说，“跟母亲一见面就吵架”，相信没有人会认为她们母女关系很好吧？

让孩子快乐容易吗？实际上并不容易，只要溺爱就能让孩子快乐吗？事实也并非如此。

孩子主导原则

一项关于孩子情绪与养育方式的研究发现：情绪稳定的孩子，父母的养育方式是孩子主导型的。婴儿通过哭泣来表达自己的需求，而母亲具有识别自己孩子哭声的能力：是肚子饿了，尿布湿了，受到惊吓，发烧，或是哪里不舒服？孩子主导型的母亲，听到孩子哭就会给换尿布还是喂奶，根据孩子发出的信号采取行动。首先是孩子发出信号，然后父母予以应对。

笔者把孩子主导型的养育方式称为“T模式”。为什么这样称呼呢？现在完全遵循这种模式的人只有心理咨询师，他们就是以这种方式与咨询者沟通的。笔者就是取“治疗沟通模式”（therapeutic communication pattern）的第一个字母“T”而命名的。

相反，从父母意愿出发的养育方式就是父母主导型的了，例如，三小时喂一次奶，完全遵照育儿指南等等。我把这种养育方式称为“S模式”，这也是现在亲子间最普遍的沟通模式。为此，笔者取“普通沟通模式”（standard communication pattern）的第一个字母而命名。

为什么心理咨询师要采取T模式呢？实际上，T模式有利于心理成长。以T模式沟通，咨询者的心理问题才能得到解决，实现心理成长。但一般人很难做到遵循T模式，为什么这么说呢？毕竟，从对方的角度思考、处理问题，无异于去对方的地盘上挑战，这对谁来说都不是一件容易的事。

如果孩子出现以下章节中介绍的心理问题，不妨采取T模式来应对，具体方法可参考拙著《育儿》《妈妈和老师如何应对拒绝上学》（均为创元社出版）等。

爱和尊重原则

教育的目的是让孩子顺利长大成人，父母们最关心的问题也是如何教育、教导孩子。一些孩子懂礼貌，也很听话，无疑他们父母的教导方式会给人以启示。孩子懂礼貌、听父母的话，是发自内心的，而不是强装“乖孩子”。乖孩子迟早会严重叛逆、激烈反抗父母和社会的。

对于自己喜欢的人的建议，我们都乐于听从，甚至在他发话之前，我们都会满怀期待，“会给我什么好建议啊？”如果是自己讨厌的人交待的事情，则是能拖一天就是一天。不得不听从他，那是因为他有权力，权力消失，也就不会听从了。

驾驶汽车时，见到交警，人们都会自觉按限速行驶。不是为了安全，而是害怕会因超速而被开罚单交罚款。会有人是因为尊重、喜欢交警而自觉遵守交通规则的吗？交警去后，人们的车速又会如故。权力只能在看得见、有效的地方发挥作用，而且权力本身也有不断升级的危险。雷达监控、交警的路上巡视，都不过是一场猫捉老鼠的游戏，有什么用呢？

经常说谎的孩子并不信赖父母和老师。用权力制止，孩子会变得更善于说谎。

教导孩子是以爱和尊重为基础的。

解读孩子发出的信号

心理能量难以驾驭时就会发散出来，表现为各种心理或身体症状。难以驾驭的能量，不仅无益，还会伤人害己。让能量自然发散、消失，也于事无补，孩子还会失去重新自立的勇气。对于难以驾驭的能量，更不可从外部火上浇油，以免造成更大的伤害。

与孩子意愿相违的鼓励和鞭策，无疑就是火上浇油了，而漠视、孤立孩子，孩子的心理能量就可能消失。帮助孩子学会驾驭自己的心理能量，正是父母的职责所在。心理或身体症状就是身体发出的信号，表示孩子难以驾驭自己的心理能量了。

孩子们发出的信号就像天气预报一样，不会立即就是最高级别的预警。它可能反复发出消息、预报，或警报，只有状况未得到改善，才会升级，造成严重伤害。

无视孩子发出的信号，或拒绝接收信号，孩子的状况就会持续恶化，而真诚解读、应对孩子发出的信号，就可能缓解症状，“台风”也会随之而去。

以下章节将介绍孩子们的各种心理问题（症状）。当孩子们出现心理问题时，不妨参考以上心理原则，予以应对，相信一定会收到良好效果。如果收效甚微，则表示情形可能甚为复杂，需要专业人士的帮助，不妨向临床心理医生、儿科医生或精神科医生咨询。

（东山纮久）

第2章

关于饮食的问题

01 饮食与心理

什么是饮食问题

饮食、睡眠和排泄，是健康不可或缺的三大要素，能吃、能睡、排便通畅，也就拥有了健康。身体出现异常时，首先就会表现为食欲不振。同样，要是心理出现什么问题，也会失去食欲或暴饮暴食，相信谁都有类似的体验。心理和饮食有什么关系呢？一个人出现心理问题时，会或多或少地对生命本身产生疑问，而饮食从根本上来说是为维持生命，所以毫无疑问，心理问题与饮食息息相关。心理问题极其严重时，比如那些觉得自己被父母抛弃的孩子，可能会不吃不喝，或即便吃下去也不消化吸收，最终虚弱而死。这样的情形在过去的孤儿院里时有发生，被称为“消耗性心理疾病（hospitalism）”。

家人共餐

幸福的家庭并不是没有问题的家庭，人们就是在解决各种各样的问题中成长和进步的。但是，当问题远远超过一个人的心理承受能力时，他就可能心生烦恼，就需要有人能为他分忧。通常扮演这一角色的是家人，幸福的家庭也具有应对烦恼的能力。如果平日里家人之间交流甚少，在遇到烦恼时自然也就很难相互分忧了。要增进家人之间的理解，共同生活是必不可少的条件：家人共作息，同时睡觉，同时起床，一起聊天、吃饭……正是有这样在同一时间、同一空间里的共同活动，人们才之所以被称为家人，而饮食正是其一。

同桌共餐可以缩短人们之间的距离，国家之间谈判后也会有晚宴。饮食是动物的一种本能行为，共进饮食，人们之间就会变得友好。

想象一下幸福家庭的光景吧：一家人围坐在餐桌前，吃吃喝喝，有说有笑。在过去，一家人会围着地炉或火炉，炉上有热气腾腾的食物，大家随意取食，随便闲聊，舒适惬意，家人之间的亲情也得到增进。而现代人变得越来越忙，父母、孩子、夫妇之间也难得一起吃顿饭，大家通常是各吃各的，亲情也变得淡薄。遇见什么紧急情况，家庭也难以充分发挥力量，予以应对。亲情淡薄，不仅可能加重心理问题，还可能使全家人都卷入情绪的旋涡，形成恶性循环，使心理问题在家庭中蔓延。

人的进餐不同于动物吃饲料，即便是营养成分相同的食物，在愉悦中进食与在压力下进食，消化吸收的效果也是迥异的。家人一定要在愉悦的气氛中共餐，可不要使进餐等同于“吃饲料”，这一点非常重要。

进　餐　表

饮食非常重要，出现饮食问题时如此，平时也要同样重视。饮食会影响心理，心理问题也会影响饮食。出现心理问题时，从饮食上着手也不失为一个好办法。可以制作一份一周的进餐表，详细记录家庭每个成员早、中、晚餐的时间、地点、共餐的人、食物内容及就餐印象。

现在越来越多的人开始关注生活习惯病，记录一日三餐进食内容的饮食表也成为管理身体健康的重要资料。上述的进餐表除了包括饮食表的内容，还记录了一起吃饭的人和场所，同时关注营养平衡和心理平衡。在现今的家庭里，一家人吃饭的时间早的早晚的晚，亲子之间尤其是父亲与孩子之间一起吃饭的机会更是急剧减少。一些孩子甚至难以吃到父母亲手做的饭菜。在周末，好不容易全家人聚在一起吃顿饭，却还是到外面的餐馆去解决。这样的情形并不鲜见。营养失衡会造成身体机能失调，孤独地进餐同样可能造成心理失调。关注饮食问题时，不要忘了愉快的进餐也会补充心理上的“营养”。

现在来看看记录了一周的进餐表，家庭的进餐状况怎么样呢？每一餐留下什么印象，是否有这样的记录？是“进餐愉快”或是“进餐时闹矛盾拌嘴了”？一周以来都是在愉快的气氛下用餐吗？在不少家庭，家人在餐桌上是有固定座次的，那么孩子有没有遵守这个规矩？他喜欢坐在谁的旁边？这往往是家人之间亲密程度的一个表现，对孩子和父母都意义重大。在三代同堂的家庭里，从老人的座次或是否跟大家一起进餐就可以看出这个家庭的相处模式。就像在学校会调换座位一样，家人之间也可以调换一下在餐桌上的座次，感受一下家人之间的互动，大家是否觉得安心舒适。与在学校不一样的是，在家里，每个家庭成员都可坐在自己最舒心的位置上，这也是营造良好进餐氛围的秘诀。

（东山纮久）

02 偏　　食

什么是偏食

偏食是什么呢？实际上并没有一个明确的定义。许多动物只吃一些特定的食物。在昆虫的世界里，有的昆虫甚至只吃某种植物的叶子，食物范围非常狭窄。可以说许多动物都是超级偏食家。人类属于杂食性动物，什么都吃。一般来说，杂食性动物的生命力强，因而在与其他动物的生存竞争中，总是处于更加有利的地位。也许正是因为什么都吃，人类才能够如此繁衍生息至今吧。妈妈们如此在意孩子的偏食，是否也是下意识地希望自己的孩子能在生存竞争中取胜呢。对孩子的偏食，妈妈们变得如此神经质，看来也不仅仅是出于营养均衡的考虑。

一项针对幼儿进行的饮食实验显示，饮食偏好出现的时期很早，而遵从饮食偏好进行饮食的幼儿，也未出现发育或营养上的问题。所以，出现极度偏食、营养严重失衡时，更应该考虑偏食背后存在的心理问题。

一个人在成长过程中，饮食偏好也会发生变化。如果让幼小的孩子从牛奶、可可、咖啡中进行选择，他们的选择顺序往往是牛奶、可可、咖啡。其后，随着年龄的增长，喜欢咖啡或红茶的人会有所增加。除非父母特意劝饮，孩子们少有喜欢啤酒、白酒的。能喜欢上啤酒的苦味，恐怕是要在尝到人生的艰辛之后吧？酒精会溶解脑组织中的脂肪，咖啡具有兴奋作用，出于自我保护的本能，孩子们因而都不喜欢咖啡和酒精。可见偏食也是造物主赋予的智慧之一，应予以充分运用。

偏食的原因

人类是哺乳动物，在出生之后一定时间内，是靠母乳（或配方奶粉）喂养的。健康婴儿不会拒绝母乳，所谓的偏食一般发生在断奶以后。哺乳动物都有各自的辅食，小树袋熊的辅食是在妈妈体内发酵而成的，肉食动物的辅食是肉类中比较容易咀嚼的部位，或由母兽嚼碎并已部分消化的食物。孩子从吃母乳到辅食，以至普通食物的成长阶段，也是教育和培养亲情纽带的重要时期。人是杂食性动物，辅食种类也多，妈妈们可以精心制作各种各样的辅食。辅食可以说奠定了一个人一生的饮食基础。

婴儿初尝辅食时的表情，妈妈们一定很难忘吧？惊讶、难以置信，继而瘪嘴、号啕大哭，很少有孩子能欣然受之。不过既然是妈妈亲自喂的食物，孩子们渐渐地也会接受的。食物关乎生命存亡，如果是什么来历不明的人来喂，孩子们就会本能地拒绝。同样，对于投放的食物，野生动物会多次试探，直到确认安全为止，否则是不会碰的。婴儿与妈妈关系融洽、稳定，在断奶期吃过妈妈精心制作的各种辅食，长大后就很少偏食了。

小时候妈妈没有摆上过餐桌的食物，长大后也很难喜爱。食物也有地域性，日本人一般不吃蛇肉、狗肉，有的国家或文化却视之为美味。所以，饮食与亲子关系和文化关系密切。只要不是极端偏食，妈妈和孩子都不必太介意。制作一些具有同样营养成分的其他食物，在轻松愉快的氛围中进餐，也许不知不觉中偏食的现象就消失了。注意，进餐切不可堕落成“吃饲料”。

偏食的应对

如果偏食是由心理因素造成的，父母和老师首先要做到的是不能太介意。其实，对其他心理问题也应同样对待。在日本的小学低年级学生中，总会出现因吃不了学校配发的午餐而拒绝上学的孩子。这种情形往往与老师太严厉，固执地强迫孩子进食有关。孩子由害怕午餐，害怕老师，进而发展到害怕学校。当然，这并不是说不可以纠正孩子的偏食。对于心理性偏食，还需本人和指导的人之间建立信赖关系。如果过分关注偏食而忽略孩子的感受，怎么可能得到孩子的信任呢？

对同样的食物，偏食的人与一般人的感觉是不一样的。不喜欢吃鸡蛋的人，说鸡蛋是臭的；讨厌吃鱼的人，说鱼是臭的，臭味似乎是不喜欢的理由。鱼干气味强烈，一般人都难以接受，可是对于嗜食它的人来说，那正是难以抵挡的诱惑。

孩子都比较保守。给他们读故事，往往会被缠着读很多遍。刚接触的新事物，在唤起孩子好奇心的同时，也激发了恐惧心理。动物也是一样的，看见新鲜事物都会心生警惕，因为那往往意味着危险。可怕的事物是不是越接近，越让人感到害怕呢？如果证明并不可怕，觉得安全了，就会一点点地接近。纠正偏食也是同样的道理，必须循序渐进。父母不喜欢的食物，孩子一般也会不喜欢。父母很少做的菜肴，孩子自然会感到陌生，也就不太爱吃了。

在添加辅食的时期，如果亲子关系稳定融洽，孩子信任父母，那么他就会乐于尝试各种各样的食物，也不容易出现偏食的现象。这也是预防偏食最有效的方法。当孩子形成偏食习惯以后，最好先判断这种食物是不是身体所必需。如果不是，就没有必要一一进行纠正，有一两种不喜欢的食物也没有关系。

不喜欢吃青椒的孩子相当多。青椒是辣椒的一种，对有些孩子来说是刺激性太强了。随着年龄的增长，人们对刺激就会变得比较迟钝，甚至还会主动寻求刺激。所以，对孩子们来说，青椒就同咖啡一样，完全不用担心。

也有很多孩子不喜欢吃蔬菜。与肉类不同，只有在烹调上多下工夫，蔬菜吃起来才更可口。不少孩子在家里不喜欢吃蔬菜，去餐馆时却吃得津津有味。也许是餐馆的烹饪更照顾孩子们的口味，或者是受餐馆的就餐氛围或一家人团聚的天伦之乐感染。孩子们从小就熟悉母亲或家庭的烹饪传统，对于自家口味的蔬菜料理，他们是会接受的。从辅食期开始，精心制作各种蔬菜料理，孩子们就会爱上自家的口味，喜欢吃蔬菜了。如果辅食期吃的蔬菜是经过加工的现成食品，那么到后来再吃妈妈亲手做的蔬菜料理时，他们就可能敏感地察觉两者的差异，从而不乐意吃了。对孩子们来说，习惯的味道就是好味道。

前面提到讨厌学校午餐的孩子当中，也有些是因为学校伙食的味道和家里的相差太大，难以接受而拒绝食用的。食物可口与否，虽有某种程度的客观性，但更多的是根据熟悉程度和主观性来判断的。习惯人工调味料的孩子，就可能更喜欢用干贝素调成的味道，而不是用木鱼花和海带现作的鲜汤了。仔细观察孩子的偏食现象，喜欢吃什么，不喜欢吃什么，然后找出原因，对症下药，这才是纠正偏食的办法。回想在食物匮乏的那个年代，哪有什么偏食、过食、厌食的问题啊！现在物质丰富了，饮食问题也更多地与心理相关，从这方面应对自可做到有的放矢。

（东山纮久）

03　少食、过食

什么是少食、过食

到底吃多少是少食，吃多少是过食？正如同偏食一样，并没有明确的标准，不过，人们一般以体重是否增加来判断孩子是少食或过食。在医院刚出生的新生儿，称量哺乳后的体重，就可知道哺乳量是多少。在新生儿时期，如果身体出现什么异常，体重就不容易增加，所以往往根据体重是否增加判断健康。在产后住院期间，新生儿体重增了几克，减了几克，也一一牵动着妈妈们的心，为之或喜或忧。新生儿期这个最初的“健康指标”（体重增加值），后来仍被作为判断孩子们健康的标准，产生诸如少食的烦恼。孩子们不爱吃东西了，是不是身体出了什么毛病？妈妈们难免为他们的健康状况担心。

另一方面，对过食的最大担心则是肥胖问题。有数据显示，婴幼儿期的肥胖会导致一生的肥胖，“吃这么多，将来不会得生活习惯病吧”，“吃成个胖墩儿多难看呀”，父母们不禁为孩子们的将来担心。

在饮食方式上，发现自己的孩子有少食或过食倾向时，爸爸妈妈心疼极了。一些父母、爷爷奶奶，因为自家孩子与少食、过食无缘，或是好心的邻居，也常常会有口无心地说上一两句，“就吃那么点儿？是不是生病了？”“照这么个吃法，脂肪细胞会增多，容易发胖哟，还是好好管一管吧”。结果，家里有少食、过食倾向孩子的父母，越发对饮食问题感到不安。

少食不健康吗

孩子是否少食，究竟由谁来判断？孩子不会自己觉得是少食吧？与吃的多少无关，孩子自会摄取生存所需的营养。胎儿期就是很好的例子，不论孕妇健康状况如何，胎儿都会通过脐带摄取营养。如果因为某种原因不能摄取充足的营养，胎儿就会死去，这是自然法则。孩子一旦来到这个世界上，就会顽强地生存下去。就算是原本属于少食的孩子，他们摄取的食物量对自己的发育还是足够的。

是否还有另外的情形呢？孩子三餐主食吃得少，但还饮茶、喝果汁等补充水分，还可能吃了零食。如果菜肴吃得不少，那也不算是少食。还有些孩子在家里吃得少，可是到小朋友家里却很能吃，或是跟谁在一起就吃得香，这样的孩子对饮食环境就比较敏感。那么在什么环境下孩子能吃饭呢？营造一个孩子易于进餐的环境，也不失为一种办法，但这也并不是绝对的，前提是“可以的话”。对环境变化敏感的孩子，感受性比较敏锐，如果刻意营造某种氛围，孩子反而可能心生反感。保持自然的饮食方式才是最重要的，饮食本来就是为生存而进行的本能行为。如果每次都是同样的饭菜，同一个时间吃……反而是不自然的，变得没了食欲也是自然的事。保持自然的饮食方式，摄取必要的食物，这才有益健康。

过食将来会肥胖吗

以前，有“可爱宝宝大奖赛”之类的。白白胖胖的婴儿最招人喜爱了，被视为健康的标志。能吃，是健康、充满活力的表现。确实，身体不舒服就会没胃口，能吃的孩子会有什么毛病呢。对过食的孩子，父母更担心的是体重增加，将来会不会肥胖之类的吧？孩子有过食倾向，但只要吃饭后没有上吐下泻现象，父母就不用担心，与少食的孩子一样，他们只是摄取身体所需的量而已。

只吃母乳（或配方奶粉）的婴儿，也可能饮奶量比较大，这也不用担心。也有的婴儿可能饮奶量大，然后会呕吐，或者腹泻，这是因为他们的消化功能、满腹中枢还没发育成熟。等到各种功能充分发挥作用后，食欲就可能恢复正常，或虽然饮奶量大，但不再呕吐或腹泻了。发育存在个体差异，没有必要什么都和人家的孩子比，弄得自己一喜一忧。做父母的自己心里没底儿时，与人相比，更容易变得神经质。应该认识到孩子存在个体差异，父母之间也有个体差异。

那么，过食的孩子将来会不会肥胖呢？这就该由孩子自己来考虑了。到了小学高年级，孩子开始进入青春期，开始思考“自我”的问题，也包括自己的身体。“保持现在的样子就好”，“想多运动，让自己变得更结实”，“想变瘦”，“想变胖些”，诸如此类，孩子会自己决定，然后付诸行动。等到上了中学，多锻炼、节食、依然故我、口味改变……青春期的孩子们在烦恼中摸索，努力成就新的自我。

无论是少食或是过食，只要孩子努力实现自我不就很好吗？只有坚信自己被接受、得到认可的孩子，进入青春期后才能作此努力。不论自己怎样，只有坚信“自己就是自己”（自我肯定），才能进一步拥有自信。少食也罢，过食也罢，都是自己的特点和个性。做父母的也不妨把少食或过食看作孩子的个性特点之一，予以接受和认可。就像孩子们个头有高有低、肤色有黑有白一样，食欲也是个性的一部分。

突然变得少食或过食

如果孩子原本进食量一般，却突然变得少食或过食，就需考虑是否有什么原因了。首先观察孩子身体是不是出现了异常：脸色如何，有没有出现发热、头痛、恶心、感冒、腹痛，以及排尿、排便等异常，是否患了什么病？当孩子少食时，要特别注意及时补充水分，以避免出现脱水症状。如果还是查不出原因，就最好向家庭医生咨询一下了。

另外，如果孩子突然变得过食，而且进餐后出现反复呕吐、腹泻的情况，那就说明孩子的食欲和消化功能的平衡严重失调。还有可能常量进食后也出现反复呕吐、腹泻的情况，两者都须向家庭医生咨询。

如果孩子变得少食或过食，但身体并没有什么异常，请回想一下孩子近来的情况：有没有什么不对劲的地方，与同学、父母的关系怎样，学习上有什么问题，是否有什么担心或烦恼？孩子有什么烦心事时，可能食不下咽；也可能因为无所适从、烦躁不安而大吃特吃。饮食可是最简单的解压法。父母可以体贴、平和的语气问孩子，“怎么了？发生什么事了吗？”消解不安情绪，饮食固然不失为一种办法，但通过亲子对话的方式解决无疑更好。

也有另外的情形，比如能吃却故意不吃（厌食），或是不想吃却停不下来（暴食），可以参考后面“摄食障碍”一节的内容。

总之，不论是少食还是过食，父母都可能担心孩子会营养失衡（如缺乏维生素、钙）。从食物中摄取营养无疑是最佳途径，但对孩子的进食状况、吃了什么、没吃什么等也不必过于紧张。如果营养失衡，也可以采取权宜之计，适当摄取营养补充剂之类的。

（西井惠子）

04 异　食

什么是异食

所谓异食，就是喜欢吃并不是食物的东西，比如沙子、垃圾、泥土、毛发、石头、草木、粪便、涂料、灰泥、线头、布头等等。有的孩子大约一岁半的时候会出现这种情形，特别是在有自闭倾向、智力发育迟缓的孩子中比较常见。

但并不是说把食物以外的东西放到嘴里的现象都是异食。一般来说，出生后四到九个月的婴儿，凡是触手可及的东西，都爱往嘴里放，比如拨浪鼓、地上的小石头，都要放到嘴里舔一舔，吮一吮。孩子通过嘴唇和舌头感受物体的不同质地、形状，开始从自己所在的这个世界获取信息，与之建立联系。即使不小心把放进嘴里的东西误吞或误食，也并不算异食行为。到一岁左右时，这样的行为会自然减少。

如果孩子有异食行为，则有可能吃下药品或可疑的物品，并引发并发症，比如吃下含铅的涂料或灰泥会导致铅中毒，吃了毛发或线头会造成肠梗阻或便秘。此外，吃下动物的粪便或泥土也可能造成细菌感染，还可能因营养不足造成贫血。因此，父母应留心归置家里的物品，不要将有毒、有害的物品放置在孩子够得到的地方。

异食的原因

异食由多种因素共同作用而成，几乎都没有明确而特定的原因。

孩子出现异食行为时，首先需要考虑是否缺乏维生素或矿物质等营养成分。是不是为了弥补某种不足，才会将各种东西往嘴里放？仔细检查一下孩子的营养状况，无疑是一个好办法。

当孩子感到不安或需求未得到满足时，也可能出现异食行为，同时还会出现其他异常举动，比如晚上一直哭闹难以入睡。当孩子出现这种现象时，妈妈也容易陷入不安。

异食的应对

当孩子出现异食行为时，父母一般都急于找出原因并尽快纠正，或是强迫孩子改正。其实，仔细观察孩子是否还有其他表现，理解孩子的感受，反思对孩子的养育方式，思考孩子异食行为背后的潜在原因，这才是最重要的。究竟是什么造成孩子的异食行为？

婴儿吮吸乳汁，或是把东西放进嘴里又拿出来，舔一舔，吮一吮，从中获得满足。吮吸母乳或妈妈喂牛奶时，婴儿和妈妈之间还会产生微妙的情感互动。婴儿不但从吮吸行为中得到一种惬意的刺激，获得情感上的满足，而且还整个儿置身于妈妈散发出的气息中，体验到这个世界的舒适和安宁。如果孩子在婴儿期未能从生理、心理上得到充分的满足，他的需求就可能以异常的形式表现出来，异食就是其中之一。

也许妈妈注意到了孩子的异常行为，但孩子本人并不一定意识得到。孩子的异常行为，是他们遇到困难、难于应对的表现，“这儿出现问题了，帮帮我吧”，是在向妈妈发出求救信号。同样，异食行为只是冰山一角，它的背后一定还有其他各种各样的问题。这种信号究竟意味着什么，孩子究竟出现了什么问题？也许妈妈一时也难以明白。如前所述，异食有可能是生理或心理层面的需求未能得到充分满足的表现，所以努力为孩子营造一个可以充分满足身心需求的环境吧。让孩子充分经历心理成长的各个阶段，有时甚至回去“补课”，可能更是一条捷径。

当然，妈妈们自身也面临各种挑战：有的妈妈难以享受育儿的乐趣，不知道该怎样与孩子相处，以至于无所适从；有的妈妈虽然深爱孩子，却不得不为生计奔波，和孩子相处的时间较少；也有的妈妈非常认真，积极学习各种育儿知识，甚至严格遵守喂奶的时间和各种育儿方法，却可能忽略了孩子真正的需求。此外，妈妈们也可能出现疲劳或心绪不佳的情形。不管怎样，出现什么问题时，建议妈妈们不要自个儿扛着，要寻求丈夫或其他家人的帮助，或向专业人士咨询。育儿是妈妈和孩子共同成长的过程，放松身心，从现在能做的事情做起吧。

（大谷真弓）

05 呕　　吐

什么是呕吐

所谓呕吐，就是指吃下去的东西又被吐出来的行为或现象。比起成人，孩子更容易出现呕吐。呕吐往往和其他各种症状一起出现，原因更是复杂多样。

呕吐的原因

当孩子出现呕吐时，首先应考虑的是，身体状况是否不佳了，患病了。新生儿或婴儿的呕吐，可能是先天性肠胃异常，或是由于咽下过多空气所致；儿童期的呕吐，有的是由于胃肠疾病，也可能是由于感染、食物过敏、各种中毒、代谢性疾病，以及脑瘤等引起。但也有可能孩子身体上并没什么异常，却出现呕吐的情形，这就是心理原因所致了。

随着年龄的增长，人们逐渐学会管理自己的情绪，使用语言或抽象的概念等来更好地表达自己。与成人不同，孩子难以相应地调整自己的身体或情绪，因而心理波动容易以身体症状的形式表现出来。成人可以用语言详细描述自己的感受，用自己的力量去应对各种问题，但孩子缺乏经验，解决问题的方法也有限，因而很难成功应对，结果需求得不到满足，压力增大，长此以往，就可能出现呕吐、腹痛等症状。呕吐是孩子以身体为手段，表现自己“未被接受”、“想吐出来”、“不愉快”、“不安”等情绪的方法，也是将自己的心理问题转化为身体症状、将未能诉诸语言的信息传递给周围的人的一种努力。当孩子难以表达自己的意思时，就会以身体发出求救信号。

那么，呕吐具体在什么情形下出现呢？

比较常见的是孩子早上要上学时突然出现腹痛、恶心等症状，甚至呕吐起来。情绪上出现什么问题时，就会以不想去上学、呕吐的形式表现出来。为什么不想去上学呢？在学校和同学相处不愉快，学习压力太大，害怕自己上学时妈妈被弟弟妹妹独占……原因不一而足。有时，孩子本人也不明白具体是什么原因。

此外，强迫孩子多进食，严格训诫餐桌礼仪等，也可能导致孩子出现呕吐。父母都希望孩子能多吃点，健康地成长，当孩子进食量较小时，就容易担心，强迫孩子进食。但饮食不仅提供身体成长所需的营养，还具有稳定情绪的作用。与其强迫孩子多进食，从食物中摄取充足的营养，还不如让孩子在轻松愉快的氛围中进餐，拥有一个好心情，更有利于心理的成长。

还有，家庭的情绪氛围也可能引发呕吐，特别是那些敏感和感情细腻的孩子。他们能敏感地察觉到父母之间微妙的情绪变化，如果自己难以接受，就会出现呕吐。孩子敏感、细腻，可能是天生的，也可能是小时候父母保护过度、未受到足够刺激所致。结果随着年龄的增长，面对各种挑战时就显得力不从心了。

孩子进入青春期后，也可能出现摄食障碍，呕吐就是症状之一。特别是女孩子抱有“不想变胖”、“不希望变得女性化”等想法时，可能会刻意限制饮食，渐渐地开始厌恶进食，出现恶心，或是暴饮暴食、强迫呕吐等情形。一旦患上摄食障碍，孩子会出现极度消瘦或异常的饮食行为，周围的人更容易努力劝食或强迫进食，关注进食本身。实际上，出现异常的饮食行为，正是孩子发出的某种危险信号，更应关注症状背后的原因，这才是非常重要的。

还有比较特殊的呕吐形式，如周期性呕吐和晕车性呕吐。周期性呕吐是每隔数周或数月突然发作，每次持续二至五天，具体原因尚不明确。一般认为，具有某种情绪问题，如神经质、情绪不稳定的孩子容易出现这种情形。而晕车性呕吐跟身体状况、体质等有关，也受生活经验和情绪的影响。由此可见，呕吐与情绪有着广泛和密切的关系。

呕吐的应对

孩子出现呕吐时，需要观察身体是否有异常，心理上有什么困扰，孩子的行为方式、性格，以及与父母兄弟和朋友之间的关系，出现呕吐的情形等等，需要综合考虑各方面的因素。

如前所述，呕吐存在各种复杂原因，也许难以明确具体是什么。但毫无疑问的是，呕吐是孩子发出的求救信号，需要认真应对。孩子是不是讨厌什么了？如果呕吐反复发作，具体是在什么情况下发生，又是如何停止的？除了呕吐，还有什么其他症状吗？对孩子的学习、饮食，父母是什么态度，怎样与孩子共同应对的呢？怎样才能让孩子缓解压力，为孩子营造一个身心舒畅的环境呢？妈妈不要一个人单干，要借助孩子、家人的力量，大家齐心协力，共同营造一个良好的生活环境，其乐融融的家庭氛围。相信假以时日，孩子的心理性呕吐自会得到缓解。

（大谷真弓）

06 摄食障碍

什么是摄食障碍

在衣食无忧的今天，各种食材、美食信息泛滥，人们随时可以满足自己的口腹之欲。另一方面，“变苗条”、“控制饮食”也成为众多女性的追求，节食更是时尚杂志的三大主题之一，各种报道充斥版面。在这种纷纭的世象中，不少青少年也被卷入其中，青春期厌食症、暴食症激增。与普通的苗条愿望不同，它已发展成一种心理性障碍，同时也是本人通过饮食行为发出的求救信号，表明已难以应对生命的挑战，需要外界的帮助。摄食障碍的症状、病因已基本解明，治疗也已取得相当大的进步，但仍然存在很多课题。

所谓摄食障碍，就是指饮食行为背离了其本来的目的——补充营养、增加体力，而成为缓解、解决心理问题、适应性问题的一种手段的状态。

摄食障碍按症状可分为厌食症和暴食症。厌食症是身体已严重消瘦，甚至已不能维持正常体力，但仍然拒绝饮食，以期进一步变瘦的现象；暴食症是不管怎么吃也不能消除饥饿感，忍不住大吃特吃的冲动行为，并且吃了又吐。报道显示不少厌食症会在某个时点突然转变为暴食症。摄食障碍在表面上表现为食欲异常和饮食行为异常，但其背后往往隐藏着心理问题，具体表现为三种情形：①即使从镜子和照片中看到自己的消瘦形象，也拒绝承认；②不能正确感知自己的食欲，不知道是否吃饱；③对生活整体充满无力感，缺乏自主性，丧失自信。

患有厌食症、暴食症的孩子往往有掩盖的倾向，因而不易被家人、老师或同学察觉，这也是其一大特点。有一位学校的保健老师曾在午餐时间躲进洗手间，竟发现有不少女孩子午餐后偷偷前来呕吐。厌食的人也很少自诉症状。

厌　食

青春期厌食，也可见于男性，但以女性居多。如前所述，厌食症也是心理的矛盾、冲突压抑到心底深处，难以应对生命挑战的表现。进入青春期后，孩子开始从家庭走向社会，难以应对挑战时，就可能转而追求过度苗条，将其作为逃避痛苦的最后港湾。追求苗条，也可是他们努力脱离父母，实现独立的一种表现；还可能是开始抗议自己的处境，比如，小时候自己的拒绝未被理睬、自己未受到重视、自己被漠视等。他们孤注一掷，将全身心的能量都倾注在变苗条上。随着时光流逝，有意识的拒食就容易演变为神经性厌食，进而转化为完全厌食或为缓解压力的暴食两种类型。

完全厌食不容易被发现，也容易造成生命危险。体重极度减轻时容易出现昏厥，即便被人及时发现送往医院挽回一命，康复也需相当长的时间，而且也需接受长时间的医学、心理学治疗。要让一个厌世的人重新获得生的勇气，无论对本人、家人，或是对治疗者来说，都需要艰苦卓绝的努力。

另一方面，一些人从厌食转为缓解压力的暴食、呕吐，持续一段时间后又开始厌食。其暴食则是出于极度不安或抑郁，为填补内心空虚而作的自我防御反应，具体表现为不停地吃。寻求被爱却得不到满足，食物就成为爱的替代品，吐了又吃，吃了又吐。一个人在夜深人静时偷偷地吃，无论是进食方式还是进食量都非常人所及。一天吃掉上万日元的零食，或者把冰箱的食物一扫而光，最后浑身疲惫，瘫软一旁，陷入自我憎恶和抑郁之中。在无助中厌弃自己，也因失去自制能力而终日惶惶。

对饮食和食物的异常执着，实际上是生命中难以应对的各种挑战在内心沉淀的表现，而厌食则是应对人格危机的自我防御反应。

厌食女性心目中的理想体形，往往不切实际，与现实相差甚远。对自己的胖瘦，已缺乏客观的判断力，已经失去身体感觉，因而固执地认为自己“仍然很胖”。虽然心理抑郁，但身体却极其活跃、多动。走路都晃晃悠悠了，却坚持上体育课，企图以身体的活跃来掩盖不健康的事实，这也是厌食症的又一特点。体重降到 35 公斤时就会闭经，但本人却从成功瘦身中获得成就感。

暴　食

不论是从厌食发展而来，还是直接的暴食，作为摄食障碍，它都是缓解压力的一种特殊行为模式。大量进食甜食、膨化食品、面包、果汁、咖啡、水等，整天吃个不停；或是躲着家人偷偷地吃，晚上躲在被窝里吃，关在自己房间里吃，表现不一而足。但无论是哪种情形，都是不吃完决不罢休，吃完后又到卫生间去，将手指或勺子伸进喉咙里强迫呕吐。与悲伤、沮丧时的大量进食不同，暴食则跟着了魔似的，一旦开始，就会狂吃到撑不下去为止，之后又会强迫自己呕吐，将吃下去的食物排出来。呕吐之后，又会陷入情绪低落、自责、罪恶感、绝望和无助的深渊。和厌食一样，对肥胖也有深深的恐惧。

摄食障碍的应对

沙利文（Harry Stack Sullivan）指出，青春期是孩子开始建立家庭外人际纽带的时期。从浓密的亲情中解放，和朋友融洽相处，在现实世界中确立自我，发现自我价值，正是这一时期的课题。在这样一个情绪波动激烈、充满危机的时期，青春期女性们原有的心理问题开始显现。在痛苦中难以自拔，厌食或暴食症状迁延不愈，有时甚至将整个家庭卷入其中。在成长过程中遭遇的伤害，在母子关系中的分离体验，都与摄食障碍有很大的关系。在康复过程中，帮助应对以前心理成长阶段中未解决的课题，实现完美的自我成长，对家人来说，无疑也是一个艰难的过程，同时也需要专业人士的帮助。摄食障碍是可以治疗的，一定能够获得新生，要相信这一点。

如前所述，摄食障碍有难以发现的特点，所以一经发现就应及时向专业人士咨询，也可向学校的心理辅导老师咨询。接受临床心理治疗费用较高，但效果是明显的。如到医院就诊，可以选择精神科或是青春期门诊，起初可能会有抵触心理。15 岁以下的孩子，也可到儿科就诊。

到底选择住院治疗还是门诊，还需视具体情况而定。如果身体极度虚弱，面临生命危险时，当然应以身体健康为先，进行住院治疗了。住院治疗也不是放手不管，还需与专业人士进行细致入微的沟通，与学校加强联系，全面地帮助孩子重获新生。

（东山弘子）

第3章

关于语言的问题

01 语言与心理

什么是语言问题

孩子的语言发育及相关问题颇受父母关注。回忆往昔，我的祖母曾说，“孩子过一岁生日时，要做到开始长牙、会走路、会说话，三者具备，是很难的呢！”年轻的妈妈们也许没听过这样的说法，想来确实是很难的吧？

孩子的发育本来就存在个体差异，一般来说，语言这一关是最难的。以前关于一岁孩子的发育指标，之所以流传甚广，也是父母对孩子的语言发育特别关注的缘故吧。在日本，有些地方还有这样一种风俗：孩子过一岁生日时，会用一升糯米做成饼让他背着走路，以祝福健康成长。而在有些地方，这种风俗还含有父母对孩子成长的担忧，“发育过早并不见得是好事，要谨防发育太快了啊！”这大概也是关于孩子发育的另一种智慧。

说到语言，人们会首先想到口语或书面文字。这是表现出来的语言，但语言还包括表现以前的过程，以及对表现内容的理解：如何把想法或情绪转化为口语或书面文字，如何具体表达或书写出来，以及怎样接收、理解。在整个过程中，身体、智力、心理、人际等多种因素共同作用。对孩子而言，发育状况也是一个非常重要的因素，有时身体上的疾病、障碍，智力障碍或发育迟缓、学习障碍等，也可能引发语言问题。因此，应对语言问题时，必须从整体出发，综合考虑各方面的因素，有时也需要医疗、福利、教育、心理等各领域的配合。

其次，虽然语言问题可能由多种因素所致，但即便是因身体障碍或智力发育而致，心理因素也同样不容忽视。语言是与人交流的手段，语言问题自然容易造成心理负担，令人心生不安，进而引发心理问题。如果本人或周围的人觉得语言问题是缺陷，不宜为外人所知，那么本人就很难得到关爱与接受，当然也就很难信心十足地行动，活出真实的自己了。这时，原本因身体、智力而生的语言问题，也就成为心理方面的问题了。语言问题中，幼儿语、口吃、缄默等，心理因素影响巨大，而构音障碍、语言发育迟缓、听力障碍等也同样需要心理上的支持。

非语言交流

语言很重要，人们正是用语言传递信息，表达自己的想法、思想和感情的。在语言交流不畅时，更能切身体会到语言的重要性。面对外国人时，是不是觉得张口结舌、缚手缚脚？而面对有语言问题的人时，因双方无法充分理解、沟通，同样也会心生不安、烦躁和悲哀。也会深切理解无法用语言表达自己想法、意见的痛苦、悲伤和无法改变现状的绝望心情。因语言而生的种种问题，不仅关乎语言本身，同时也是心理、人际，乃至人生的大问题。

语言很重要，但并不是一切。是否因太关注语言而忽略了其他交流手段呢？

交流分为语言交流和非语言交流两种。显而易见，语言交流就是指通过语言进行的交流，尤指字面意思和内容的表达；而非语言交流则是指通过语言之外的手段进行的交流，比如通过身体语言，如行为、姿势、动作、表情、手势、身体接触等，也包括口语中字面意思以外的因素，如语气、语速和声音的大小、高低等。一般来说，人们非常重视语言的字面意思，但字面意思和表达方式（表情、声音大小等）并不完全一致。比如“爸爸很喜欢你哟”，同样一句话，表达时可能语气冷淡、机械，或是强忍怒气。父亲想传递什么信息，孩子又是如何感受的呢？“爸爸只是嘴上说说罢了”，“爸爸是什么意思呢”，“爸爸讨厌我，肯定的”，孩子的感受不一而足。

同时，非语言交流还可能成为解决语言问题的“钥匙”。比如做游戏时，游戏的内容，孩子的行动、身体语言、声音，孩子在什么情况下出现语言问题等，都可反映孩子的心理，成为打开孩子心门之锁的“钥匙”。针对孩子的语言问题，由专业人士进行的训练，就是语言疗法或心理疗法了。

语言问题的应对

孩子一般在一岁左右开始往外蹦词语，三岁左右能够说成段的话。上幼儿园或小学后，孩子就得离开父母，独自一个人去与老师或小朋友进行交流了。语言问题也开始在这个时候凸现出来，成为父母们悬心的事儿。一旦开始关注语言问题，父母们的心思也开始为之倾斜，这也是爱子之心使然，可以理解。不过，过分关注、强调语言问题，反而会令父母和孩子都陷入痛苦之中。何不学学过去老人们的智慧，适当宽宽心呢，比如“不用担心啦，眼前能做的就做吧，其他的就交给时间。瞧瞧谁家的那个谁，现在很了不起吧，小时候也这样呢”。担心容易让人集中关注某一点，而忘记从长远的角度考虑，也不再有假以时日的从容。可以向经验丰富的妈妈们请教，或向心理医生咨询，学会放眼未来，守护孩子的成长。

另一方面，“让时光倒流”也不失为一个好方法。孩子一岁之前，是怎样与他交流的呢？那时，孩子只会哭泣、吵闹、发脾气、欢笑、蹬腿、晃动胳膊、缠着大人或是发烧等，自我表达的方式有限，不是也将他带大了吗？三岁左右时，孩子会说很多话了，但仍然不能用语言完全表达自己的想法和感情。妈妈可以通过问问题、观察，与孩子一起玩，实现与孩子的交流。当然，妈妈不是时时刻刻都与孩子在一起，但比起邻居或是亲戚，妈妈还是更能理解孩子的语言或感情。因为妈妈不仅用语言，还用全身心与孩子进行交流。

同时，不要囿于语言问题，要反思自己与孩子之间的交流，努力理解孩子的想法和感情，同时在表情达意上，何不利用孩子小时候的方法呢？如果觉得以前做得不够，那么现在就多努力吧。关心孩子，理解孩子，回应孩子，向孩子展示妈妈努力的姿态。放下包袱与孩子一起疯玩，更能为孩子补充心灵的“营养”。

孩子尽情玩耍，展现真实的自我，于身于心皆有益。根据孩子语言发育状况，妈妈可适当调整自己的语言、动作，增进与孩子的交流。

另外，也可通过游戏疗法，使孩子的心理得到成长，有时语言问题也迎刃而解。通过心理咨询，父母也可缓解对语言问题的过度关注和焦虑情绪，学会关注孩子的整体发展，相信孩子发育、成长的力量。这样，孩子和父母都获得心灵的安宁，重新感受生命的喜悦，而且，还可为今后克服语言问题，接受、正视语言问题打下基础。

（楠本和彦）

02 幼 儿 语

什么是幼儿语

孩子一岁左右时，就能渐渐发出有意义的只言片语了。而在此之前，只能发出的“ma”、“mi”之类的咿呀声，没有具体的含义。现在，开始发出“饭饭”、“睡睡”这类叠声，明确表达自己的意思，与周围的交流也不断增多。幼儿最初发出的有意义的语言，被称为“初语”。当然，初语出现的时期存在相当大的个体差异，妈妈们没有必要为此感到紧张。幼儿发出初语后，词汇会越来越丰富，语言能力不断增强，到六岁上小学时，语言表达基本接近成人。

另一方面，所谓幼儿语，就是指幼儿期出现的特有的词汇、尚未成熟的发音及表达方式的语言现象。上小学后，孩子语言表达趋于成熟，使用幼儿语的现象就会自然消失。

育 儿 语

幼儿语可分为大人对幼儿使用的语言——育儿语，和幼儿自创的语言——幼儿音。育儿语有一定的地域差异，也有很多是共通的，如用叠声表示动词、名词，以象声词表示动物，还有将动植物拟人化等，这些都是人们所熟悉的。

以前，人们认为育儿语不容易被幼儿理解，会妨碍语言发育，但后来的研究发现，育儿语配合了幼儿的语言水平，反而有利于促进语言发育。例如，刚会说“汪汪”的幼儿，一开始见到猫咪、马、牛可能统统都唤作“汪汪”。此时，“汪汪”的语义范围，显然比“狗”的语义广得多，也许只要是四条腿的动物都是“汪汪”吧。其后，随着知识和语言经验的增加，明白了其中的差异，幼儿开始分别使用“咪咪”“马马”“哞哞”等词汇来表示这些动物。育儿语先于幼儿语一步，提出概念，帮助幼儿理解新的词汇，对幼儿的语言学习发挥着积极的作用。

因此，当幼儿指着猫咪说“汪汪”时，不要急于纠正，要先认可孩子的语言能力，然后再加上正确的说法，如“看起来像‘汪汪’吧，其实是‘咪咪’哦”，以促进孩子的语言发育。在孩子学习语言时，应充分鼓励、认可他的表达意愿。孩子通过与大人的互动交流，无论是语言还是心理都会得到发展。

幼　儿　音

另一方面，幼儿自创的语言——幼儿音，则主要指幼儿发音上的问题，可能有的元音、辅音发不出来，发成了别的音；或者在有的字词里能发出的音，在别的字词里却被替换了，情形不一而足，这种现象被称为“构音发育不全”。也许有的父母会担心，孩子是不是有构音障碍啊？其实，孩子发音要完全正确，还需要构音器官、大脑发育到一定程度才行，尤其是一些较难发的元音、辅音，也许要到上小学前才能真正掌握。如果孩子没有智力发育迟缓的现象，听力也没有问题，可以正确理解自己发音不准的词的意思，那么就无需过分强调、关注幼儿音的问题，以免给孩子造成不必要的心理负担。

当孩子发音不准时，父母究竟该怎么做呢？首先是不要强迫纠正孩子的发音，其次才是引导发出正确的音。例如，当孩子把伞说成“hasa”时，父母不要急于纠正“是‘kasa’，不是‘hasa’”，而应直接告诉孩子，“是‘kasa’吧，好漂亮啊”。就像在孩子学习育儿语一样，关键是肯定孩子的表达意愿，让孩子在快乐中学会正确地表达自己。

幼儿语的应对

如果到了上学年龄，孩子仍然存在构音发育不全的现象，或仍会说一些育儿语，那么就可能存在某种听觉或发声器官的障碍了，可相应地进行医学或语言治疗，效果大多良好，详细内容可参考“构音障碍”一节。

除构音障碍外，有些幼儿语的情形也需特别应对。例如，家里突然添了弟弟或妹妹，孩子又开始说幼儿语了；在幼儿园只对某个老师使用幼儿语，或者只在要什么东西时说幼儿语等等。不论何种情形，心理因素都起着较大作用，都是孩子希望逃离某种心理挑战，寻求大人庇护或撒娇的表现。应该怎样应对孩子的撒娇表现，满足其需求呢？如果是家庭原因，父母能否多关心孩子，反省自己的养育方式：对孩子是否过于严厉，是不是拒绝接纳孩子？如果是因为在幼儿园、学校的压力，父母可以试着与老师沟通，努力改善孩子所处的环境。总之，孩子突然再使用幼儿语，就是一种退行现象，应从心理的角度予以积极应对。

（永岛久实子）

03 构音障碍

什么是构音障碍

在幼儿期，孩子可能清浊音难以运用自如，或有些元音一时发不出来，出现所谓舌头不够使的情形，即存在构音发育不全的现象。这是语言习得中的自然现象，假以时日，孩子自然会运用自如的。另一方面，如果发音不清，或有些音发不出来的状态持续多年，并造成某种程度的交流障碍，则被视为构音障碍了。

构音障碍通常包括元音的替换、辅音的省略，以及难以标记的非正常发音三大类。确实，构音障碍与幼儿语有时难以界定。在幼儿语中，前两种情形比较常见，但具体的表现并不总是一致的，也会随时间而发生变化。一般来说，三岁以后的孩子，元音的发音就可基本掌握，六岁以后，清浊辅音也会运用自如。幼儿语中构音发育不全的现象，即便没有专门训练，也会随时间的流逝而自然改善。

当然，也有上小学以后仍然存在辅音、元音发音错误的。对此，如果孩子并不在意，周围的人也没感到什么异常，则不被视为构音障碍。例如，有些地方的人发不出某个辅音或元音，当地人也不以为错，则不构成构音障碍了，毋宁说是地方口音。但如果孩子因为不能正确发出某个元音或辅音而感到自卑，也被周围的人视为异样，与他人的交流也受到影响，则可被视为构音障碍，需要接受言语指导或医学治疗。对构音障碍，孩子的认识、感受，以及周围人的反应，都应予以充分考虑。

构音障碍的原因及类型

构音障碍按原因可大致分为器质性和功能性两类。器质性构音障碍由构音器官构造或机能缺陷所致，最常见的是口腔内软硬腭裂开的腭裂，此外，还有其他构音器官如唇、舌、下腭、齿列、喉等的构造异常。有时，构音器官存在构造异常，但机能受损程度较轻；也有构音器官构造正常，但运动神经机能出现障碍，以致发音受到影响。

功能性构音障碍是指医学检查难以确定原因，未发现器质性受损而出现的构音障碍的情形，大多是在习得语言时，因某种原因构音器官未能学会某个发音所致，或是正确分辨语音的能力（语音辨别力）较弱，或是听取正确发音的机会较少，以致错误的发音成为习惯。

此外，听力障碍、智力障碍、情绪障碍等也可能妨碍构音的习得。充分应对这些障碍无疑有利于改善构音障碍，如何尽早发现、诊断障碍的类型、原因就至关重要了。

构音障碍的应对

对器质性构音障碍，首先需要进行医学治疗。尤其是腭裂等先天性障碍，在对破裂部位进行修复手术后，还需进行口腔科、耳鼻咽喉科的矫正治疗。同时，由言语治疗师进行的言语训练也必不可少。孩子的构音习得热情，家人和专业人士的密切配合，都可有效提高医学治疗和言语训练的效果。

进行言语训练时，无论是器质性的，还是功能性的，都须充分尊重本人的意愿。言语训练就是纠正已成为习惯的错误构音动作，并确立新的、正确的构音动作的过程。具体包括三个阶段：一是培养语音辨别力的听力训练，二是学会正确发音的构音训练，三是对正确发音进行的强化训练。其中第二阶段的构音训练需要使用各种教材、教具，刺激感官，使孩子最终学会正确的构音动作。构音训练需由专业人士进行，道听途说、活学活用之类的做法反而容易适得其反。

对于第一阶段的听力训练和第三阶段的强化训练，平时在家里进行亲子间的互动效果更好。比如，训练听力，就需培养孩子积极倾听、回应他人的习惯。父母可以和孩子一起玩，在愉快的对话氛围中，孩子可以通过模仿纠正自己的发音，提高语音辨别力。父母可有意放慢语速，注意吐音清楚，让孩子感受、辨别正确的构音。切不可一一指出、纠正孩子的构音错误，让孩子失去信心。

强化训练更需要在日常生活中进行。学会了正确的构音动作，还需在日常生活中加以运用，培养交流习惯。为孩子创造一个轻松、愉快的氛围，让孩子可以自信地表达自己。比如，和孩子玩他喜欢的游戏，让孩子动口、动手、动脑，乃至整个身体，构音器官自然得到锻炼。关注孩子的所见、所感、所想，及时用语言进行交流，不仅可培养孩子正确的构音习惯，还能丰富他的内心。只有语言和心理建立起温暖和谐的关系，构音训练的效果才能显现。

同时，还应充分应对因构音障碍而生的交流障碍。由于构音障碍，孩子可能难以表达自己的意思，以至失去表达的愿望，甚至回避与人交流。不论是否有构音障碍，都需要保持交流的愿望和热情：想表达，想告知，想倾听。这才是应对构音障碍的最佳方法。

（永岛久实子）

04 口　吃

什么是口吃

口吃是指开口困难，或是中途字词重复、语音拖长等说话不流畅的状态。口吃的历史久远，上可追溯到古代，对口吃的研究也由来已久，但时至今日口吃的原因仍不明确。最近有观点认为，口吃的原因并不是由某个特定因素造成的，而是由与生俱来的个性和生活环境等因素共同作用而成。

有口吃问题的孩子，虽然情况各异，但在性格上大都表现出这样的倾向：认真、对人际互动敏感、社会适应力较差等。

口吃的表现

口吃大多始于幼儿期，学龄期、成人后口吃的现象也有，但比较少。口吃症状具有起伏波动的特点，可能一度减轻或加重，有时治愈后也会复发，需长期应对。

孩子开始出现口吃时，一般症状轻微，以重复话语开头的字词为主，本人也还未意识到是口吃。具体表现也是有时口吃，有时流畅，症状起伏不定。但在紧张场合，或情绪兴奋、波动剧烈时，就容易出现口吃。

到后来，字词重复、语音拖长的情形增多，情绪也随之变得紧张，有时甚至憋得说不出话来。在这一阶段，孩子平时也未意识到是口吃，仍然能主动表达自己。

上小学后，因为口吃遭到周围侧目的情形增多，孩子开始意识到口吃的问题，容易用力重复字词或拖长发音；也可能难以发出某些语音、开口前停顿的时间过长，或者憋得说不出话来。努力开口说话时，身体可能出现多余的动作，或变得过度紧张、僵硬。意识到口吃问题后，也可能开始讨厌在公共场合讲话。在特定场合容易口吃，或发不出某些字词，正与害怕口吃的心理有关。而身体出现各种多余动作，也可能与某个巧合有关，比如做某个动作时，说话突然变得流畅。结果，下一次开口说话时，会不自觉地做同样的动作。刚开始时有效，渐渐地效果就会减弱，口吃依旧，身体多余的动作却成为习惯。

口吃症状进一步发展时，可能有一天张口说话，却突然发现舌头或唇都僵住了，完全说不出话来。对孩子来说，打击无疑是巨大的：紧张慌乱、手足无措、苦苦挣扎，努力摆脱困境。此时，周围的人如何应对更是影响巨大：是细心抚慰，与孩子共情，还是持批判、否定、拒不接纳的态度。应对不当，孩子可能会逃避说话，或说话时变得更加紧张。

进入青春期后，口吃症状稳定下来。孩子时刻意识到口吃问题，说话时会避开容易口吃的字词，或选择别的表达方式，或者尽量回避发言。这样一来，孩子实际口吃的情形会有所减少，变得不那么明显，但对开口说话的恐惧却有增无减，一旦不得不开口说话，就会变得更加紧张，一次又一次地遭遇挫折感，形成一种恶性循环。

一般来讲，在大庭广众之下发言，对长辈、上级，或与性情不合的人讲话，以及打电话时，容易出现口吃。不过这也因人而异，有的人打电话时说话流畅，大概是看不见对方的脸吧。说话时有压力，或变得紧张，也容易口吃。也有少有口吃的情形，比如和朋友聊天，边运动边讲话，和着节奏朗读、说话，以及唱歌等。

口吃的应对

口吃原本是说话不流畅的问题，但随着口吃时间变长，还容易引发其他问题。比如，因为害怕口吃而躲避说话，回避与人交流；还可能因为口吃而否定自己，口吃问题进而演化为社会适应问题。一般来说，随着口吃症状的发展，对口吃的不安和恐惧也会日益加剧。如果周围的人、本人将口吃视为一种个性，出现口吃时也泰然处之，无疑将有助于缓解口吃和因口吃而生的心理压力。

幼儿对口吃还没有太强烈的意识。要创造一个宽松的环境，让有口吃的孩子也保持说话的热情。孩子出现口吃时，一定要淡然处之，要理解孩子表达自己、传递感情的愿望，要让孩子切身感受到被认可、被接纳的喜悦，从而保持说话的兴致。如果周围人过于关注孩子的口吃，而忽视了孩子表达的内容和感情，孩子就可能因为口吃而对说话本身产生抵触，感到压力，从而回避说话。

幼儿的社会适应能力还较差，容易受环境的影响，但这同时也意味着施以良好的刺激，孩子的状况就可能得到改善。重新审视家庭环境，从身边的事做起吧。有时，很小的事情也可能给孩子造成心理负担。游戏疗法等心理干预措施，也可以帮助孩子表现自己，甚至改善口吃症状。

上学以后，人际交往变得更加复杂、广泛，发言的机会也大大增加，压力骤然增大。因为口吃，不少孩子都有被嘲笑的经历。与幼儿期相比，口吃症状容易进一步发展。不论主观愿望如何，孩子都会时时意识到口吃，不得不面对。理解、正视、接受自己的口吃问题，不仅可以驱散心中过度的不安和恐惧，还能防止症状进一步加重。当然，这并不容易，周围的人也需接受孩子口吃的事实，和孩子一起面对。在此基础上，再指导孩子正确的表达方式，进行相应的语言表达训练。

应对口吃，不能只靠家庭，还需争取有关机构、团体的帮助。

（舛元佑子）

05 缄　　默

什么是缄默

有的孩子能讲话却偏不开口，又没有语言发育迟缓、听力或构音障碍。这种具有说话能力却不愿开口讲话，保持沉默的状态，就是所谓的缄默。

缄默可分为在任何情况下都不愿意讲话的完全缄默，和只在某些情况下不愿讲话的选择性缄默。选择性缄默几乎都和心理有关。

选择性缄默只出现在学校或与同学们在一起的特定场合时，其直接原因是本人在这一场合中感受到压力，而是否存在其他原因尚不明确。其中，在学校或幼儿园的集体生活中出现的校园缄默最引人注目。

属于校园缄默型的孩子，在家讲话正常，有时甚至叽叽喳喳说个不停，让妈妈都哑口无言。可一旦处于有压力的环境，嘴巴就会像两片贝壳一样，闭得紧紧的。比如朗读课文，和同学们一起做手工，就怎么也不愿开口了。有时，老师报告孩子在学校一言不发时，父母都觉得难以置信，孩子的语言怎么会有如此大的差异！孩子保持缄默时，身体会紧张，对朋友关系也消极，而在场的其他人也会感到难于应对，因而交流受到严重影响。

缄默的原因及应对

研究发现，缄默的原因大致包括两类：一是孩子虽然有说话能力，但智力水平较低，无法随机应变表达自己，因此拒绝讲话；二是由于父母过分干涉、溺爱或是放任，孩子缺乏社会经验，以至对集体和他人心怀恐惧，为保护自己而拒绝交流。

缄默的孩子对环境敏感，有时环境改变就可开口说话。但这不是指客观环境，而是指孩子所感受到的主观环境。不论周围的人多么放松，气氛多么和谐，只要孩子感受到压力，也会保持缄默。鉴于孩子可与熟悉的人或家人讲话，所以可多创造这样的环境，让孩子在轻松愉快的氛围中自然开口讲话。但应切记，不可强迫孩子开口。

在治疗方法上，以心理疗法最为有效。儿童的心理疗法也称为游戏疗法，它通过游戏应对心理上的症结，使之得以表现，进而消除。孩子刚进入游戏的治疗室时可能会紧张，渐渐地就会乐在其中，开始自然地以手势、身体语言和语言来与他人进行交流了。

（东山纮久）

06 语言发育迟缓

什么是语言发育迟缓

所谓语言发育迟缓，就是指孩子不能使用或理解与其年龄相应的语言的状态。但在语言发育初期，孩子存在很大个体差异，有的发育得早，有的发育得迟。而且，语言习得过程也因人而异。

对于语言发育迟缓或语言障碍的判断，似乎很难单纯用年龄作为标准。一般而言，孩子一岁时开始讲只言片语，到三岁时能像大人那样讲成段的话，但同样是三四岁的孩子，掌握的词汇量差异还是相当大的。到六岁时基本能发出所有的音，但也有孩子可能辅音、元音发不完全。幼儿掌握的词汇量、语言表达能力很明显，大人也更容易关注这些方面，其实孩子能听懂多少，对语言的理解也是语言发育的重要内容之一。有的孩子使用的词汇量少、话少，语言理解力却很强。实际上，孩子一至六岁期间，情绪、社会适应力和语言发育等相互作用，同时迅速发展。在众多因素的共同作用下，孩子的发育呈现出一个动态的、变化剧烈的过程。

语言发育迟缓的表现及原因

孩子语言发育迟缓的表现不尽一致，具体包括：①能发出声音，但能发出的辅音、元音较少；②不能用语言表达自己的意思；③词汇量少，或没有增加；④发音幼稚，或错误较多；⑤不能成段地表达意思；⑥对别人的话没有反应，或漠不关心；⑦不能听懂别人的话，或用行动回应。

语言发育迟缓的原因较多，也有尚不明确的地方。一般来说，智力发育迟缓、听力障碍、构音器官障碍、大脑中枢神经障碍等，都可能导致语言发育迟缓。此外，所处环境缺乏语言刺激也可能导致语言发育迟缓。不论原因如何，语言发育迟缓的程度和表现都存在相当大的差异。

语言发育迟缓的应对

如果出现听力或构音器官问题，则需尽早接受治疗或特别训练。比如，从背后叫时孩子也不转身，或者出现大的响声时孩子也没有反应，则可能存在听力问题，建议到耳鼻喉科，最好是儿科的耳鼻喉科就诊。如果孩子能说话，但发音不好，则可能是不能很好地辨别语音，或是构音器官存在问题，建议到设有口腔外科或语言科的综合医院就诊。如果运动不协调，少与人交往或模仿别人，则可能还存在发育问题，可以到儿科或儿童发育的相关咨询机构咨询。

关于孩子的语言问题，需要到什么年龄，何时，到哪家医院或咨询机构咨询，确实难以做出判断。不过，在日本，孩子一岁半、三岁时一般都有全面的体检，包括语言发育程度等项目，所以不妨把平时的情形，注意到的现象记录下来，体检时勇敢地向保健师或医生咨询。当然也可在更早的时候进行体检，或就语言等发育相关问题向心理医生咨询。

家庭的应对

语言是表达自己意思或感情的一种手段，同时也可通过语言理解或想象对方的意思或感情。对话双方之间的信息传达和接收就是交流，当然交流还可通过表情、动作、绘画、文字等进行。孩子在学会使用语言之前，会通过哭、笑，以至整个身体来表达自己。亲子之间的交流也早就存在，妈妈会逗弄婴儿，跟他说话，还能从哭声或其他各种声音辨别不同的意思。这就是交流，这一时期被称作“前语言期”，也是将语言存储、内化的关键时期。婴儿会一直望着妈妈的脸，盯着嘴唇，听到妈妈的轻言细语就会觉得安心，听到其他孩子的声音也会高兴，发出声音本身也成为一种快乐的游戏。

可见，和谐稳定的亲子关系有利于促进语言发育。不要太拘泥语言训练本身，而应注意创造轻松愉快的说话氛围。做游戏和平时积累的生活体验皆可促进语言发育，多领会人际规则，扩大人际交往也可提高交流能力。同样，孩子从婴儿期以来的各种体验，父母对孩子的讲话、鼓励，对孩子的回应，都可有效促进语言发育。

即便如此，孩子的语言发育也有早有晚。看到同年龄的孩子开始说话了，父母难免会着急。有时，其他障碍也可能引起语言发育迟缓，最好找专业人士咨询，争取从整体上把握障碍状况，再具体应对语言问题。语言发育迟缓不是交流的障碍，亲子间仍需重视和保持交流。

如果过多纠正孩子的发音或表达方式，孩子则可能厌恶说话，甚至闭口不言，或者一开口说话就紧张。与其逐一纠正孩子的错误，还不如在孩子表现出色时多加表扬，孩子更能获得信心。语言发育迟缓的孩子，更难让对方明白自己的感情或意思，更容易变得烦躁不安，父母需要注意安抚孩子的情绪。

因为语言发育迟缓而咨询时，专家们往往建议，“在家多跟孩子说话”，父母们也不免纳闷，“该说什么，说多少呢”，“已经说得够多了”，“是不是以前跟孩子说话太少”……其实，不用过分关注说话本身。当孩子一个人默默地玩着游戏，乐在其中时，父母只需守护一旁。也可以跟孩子一起玩，或是带着孩子外出，随心所欲地聊天，谈论孩子感兴趣的话题。此外，在日常生活中，禁止、训斥的话语也容易脱口而出。其实，直接告诉孩子该怎么做，同时对孩子的出色表现予以肯定，孩子才更容易听进去并学会。

孩子首先是通过听父母家人的说话学会语言的。它们与电视或 CD 发出的声音不同，是直接对着孩子讲的，饱含了家人各自的体验和感情，更能直达孩子的内心。

图画书和童话也是丰富的语言宝库。跟孩子一起反复阅读他喜欢的图书，无论在婴幼儿期，还是在儿童期，都是一段值得回味的快乐时光。孩子从听到的语言、看到的图画进入想象的世界，陶醉其中，孩子的语言、心灵都得到滋养。此外，模仿能力也是语言习得的基本能力之一。可以跟孩子一起做体操，做拍手唱歌游戏，也可以用洋娃娃玩过家家等，孩子可在快乐的游戏中，自然体验说话的方式。

无论是读书还是玩游戏，对孩子热衷的事情，父母都应满怀热情地参与，陪伴孩子共同成长。积极主动地追求、参与，满足自己的兴趣，才能培养好奇心、探求心和求知欲。这些活动看起来似乎与语言发育无关，其实，丰富孩子的内心，激发孩子的表达欲望，正是促进语言发育的捷径。

（巽 叶子）

第4章

关于排泄的问题

01 排泄与心理

什么是排泄问题

饮食、睡眠和排泄是身体、心理健康不可或缺的三大要素。当身体或心理出现什么问题时，肠胃立刻会受到影响。对孩子来说，压力更会直接表现为排泄问题。排泄与人际的关系也非常密切，孩子出生后，正是通过饮食和排泄与妈妈建立人际纽带的。婴儿肚子饿了，排泄了，当然会感到不快，正是妈妈的悉心照料，他才重新获得满足或舒适。妈妈与婴儿的互动，对他将来的人际模式和性格形成都有着深刻的影响。同样，排泄的失败容易让孩子感到自卑，行动变得消极。因此，应对孩子的排泄问题时，尤其应充分考虑孩子的心理。

孩子的排泄问题包括从婴幼儿时期开始、持续的原发性问题，和中断一年以上再次出现的继发性问题。原发性问题不一定都与心理因素相关，可能是身体功能方面的原因，也可能是排泄训练失败，未能达到预期目标所致。对此，父母需区别对待，或是重新进行排泄训练，或是到儿科进行检查，确认是否有功能方面的问题。而继发性问题多与心理因素有关，近来孩子是否压力过大？必要时，改善环境，或是接受心理治疗，都可有效应对。

排泄问题的应对

刚出生的婴儿完全依赖妈妈，排泄也由妈妈打理。对婴儿来说，排泄是一种难以理解的、充满不安的体验，正是妈妈的悉心照料，才缓解了他的不安和对排泄的过分关注，并由此建立良好的亲子关系。

排泄物积存在体内会让人不快，排出之后又会给人带来不好的气味和触感。孩子无力应对，只好以哭泣寻求妈妈的帮助。妈妈给孩子换尿布时，辅之以轻言细语和柔和的眼神，不仅可缓解孩子的不安情绪，而且也可让孩子感受到妈妈带来的舒适，从而与妈妈建立稳固的亲情纽带。

孩子因压力、不安而出现排泄问题时，正是孩子与妈妈共同应对不快，重建亲子关系的良机。与妈妈的亲情纽带日益增强，可以自行控制排泄行为时，孩子就会感受到自己的力量，自我开始萌芽，进而出现逆反行为，进入第一反抗期。所以，排泄是孩子与妈妈建立亲情纽带的重要媒介。

排泄训练

排泄对孩子人际关系的形成非常重要，同样，排泄训练也有利于重建亲子关系。一般来说，孩子三岁时，排泄训练基本完成，可自主排便、排尿，但也有些孩子或是因为父母在训练时太过严厉，或因为其他原因，尚不能自主如厕。也有些孩子因为心理压力，重新出现排泄问题。排泄问题正是改善亲子关系的契机，妈妈切不可严厉斥责孩子，增大孩子的压力，而应理解、抚慰孩子，帮助缓解他因失败而生的挫折感，耐心守护他的成长。可以在轻松、愉快的氛围中，安排孩子在白天进行排泄训练，获得成就感。要相信假以时日排泄问题一定能够得到改善。

（森田喜治）

02 夜　　尿

什么是夜尿

在睡眠中，婴幼儿未感受到尿意及时醒来，不由自主地遗尿，濡湿了被褥、衣物的现象被称为尿床。如果尿床持续到在五六岁，且无其他身体性疾病，如尿崩症、糖尿病、膀胱炎等原因，本人和家人都深受困扰，则被称为夜尿。

尿床是孩子在发育过程中出现的自然生理现象。不论白天黑夜，婴儿随时都会拉屎拉尿，垫尿布是自然的事。排尿时间不固定，尿布也往往是湿的。等到一岁时，尿布保持干燥的时间一般可延长到两三个小时，这是因为孩子的膀胱渐渐地可以储存一定的尿量了。可以说，孩子都是伴随着尿床和尿布长大的。

一般来说，孩子四岁以后，尿床的现象会自然减少，以至消失，所以婴幼儿时期的尿床不能称为夜尿，也完全没必要担心。渐渐地，没有尿床的日子越来越多，久而久之也就习以为常，直到有一天，父母才恍然想起，孩子已经不再尿床了。也有的孩子突然一下子就不再尿床了。当然，五六岁的孩子一年中出现几次尿床的情形也很正常，完全不必担心，更不是夜尿的问题。

夜尿的原因

夜尿往往由多种因素共同作用引发。同是夜尿，孩子们的情形也不尽相同，大致可分为四类：①多尿型，因夜间尿量过多而遗尿，多时一晚两三次，每次尿量也大，多由抗利尿激素分泌不足引起；②未熟型，因膀胱容量较小，或排尿系统尚未成熟而遗尿，因为排尿系统发育存在个体差异；③心理型，尿床已经停止一段时间后，受压力或环境因素影响而再度发生遗尿，也被称为继发性夜尿；④混合型，同时有上述两种以上的情形。

继发性夜尿多因持续性压力所致，比如孤独、恐惧、过敏、紧张等。孩子难以应对生活中的变化、挑战时，容易产生压力，从而引发夜尿。具体来说，弟妹的出生、上幼儿园、上学、转校、转幼儿园、被欺负等，都容易引发适应性压力，造成身体上的疲劳和心理负担。生活发生了重大变化，孩子却未能及时得到关注、帮助，对孩子来说，现实世界也未免太严峻了吧？

也有些夜尿的孩子不太会与人亲近，渴望得到妈妈的爱抚却难以表达，结果多表现为倔强、逆反。无法与人亲近、得到爱抚，不会被抛弃了吧？在强烈的不安和恐惧中，当然无法拥有快乐、充实的每一天了。需求长期得不到满足，始终处于患得患失的状态，结果睡眠节奏出现紊乱，难以觉醒，同时膀胱的敏感性也增高，自然容易夜尿了。

五六岁以上的孩子，尽管膀胱已经发育成熟，但因长期夜尿而生的自卑感、罪恶感，压力会进一步增大，以至夜尿加重，或难以治愈，陷入恶性循环。有的还不得不面对弟妹们都不再尿床的事实，也有的因夜尿而受到父母打骂，心里的难堪、痛苦可想而知。一些有夜尿的孩子不愿参加学校组织的旅游活动，也有一些孩子虽然表面上装作若无其事，但内心却无时不在意自己的夜尿，因而对什么事情都变得消极。青春期的夜尿之所以难治，与长期的压力不无关系。

夜尿的应对

孩子夜尿，至少不是故意想给父母或家人添麻烦。当孩子出现夜尿时，父母一定不要责怪孩子，要帮助、理解他。当然，孩子每晚夜尿，妈妈收拾衣服被褥的辛劳可想而知，出现焦躁、烦恼、愧悔之情也在所难免。但最难堪、愧悔的还是孩子本人，训斥孩子，与兄弟姐妹作比较，不但不能解决任何问题，反而会加重孩子的愧悔、自责，增大压力。

父母、家人要认识到夜尿并不是孩子的错，要相信假以时日，夜尿一定会治愈；要让孩子知道家人都理解他的心情，支持他。其实，孩子对父母的情绪变化非常敏感。一旦切身感受到家人的关心、爱护，家里的氛围也变得更加宽松、和谐以后，夜尿自然会减少。

当然，父母也应做好长期应对的思想准备，不急不躁，要相信一定会治愈，耐心守护孩子的成长。

（堀　麻贵子）

03 遗 尿

什么是遗尿

孩子五六岁时，应该已经养成排尿习惯，并可控制自己的排尿了。如果五六岁后仍会不由自主地排尿，则被称为遗尿。夜间睡觉时的遗尿即为前面介绍的夜尿，下面介绍日间的遗尿。

遗尿的原因

遗尿的原因可分为器质性和心理性两种。器质性遗尿多因身体性疾患所致，如因脊椎损伤等导致的神经性膀胱，尿液难以储存，会一直点点滴滴地向外流。此外，膀胱括约肌功能异常也会导致日间遗尿。更多的情形是尿路感染所致，如果突然出现遗尿和尿频，最好立即进行尿检。

如果遗尿一直持续到上小学，仍未形成排尿的习惯，则被称为原发性遗尿；如果遗尿停止一段时间后，因心理、环境因素而再次在日间出现，则被称为心理性遗尿。有些孩子已经养成排尿习惯，可在弟妹出生，或进入幼儿园后又开始遗尿，则多是由心理因素引起。

日间遗尿的情形女孩比男孩多，一般认为是因为女孩从膀胱到尿道口的距离比较短。

日间遗尿的孩子中有2/3的人还有夜尿的情形，而同时有夜尿和遗尿情形的孩子，受心理因素的影响更大。

遗尿的应对

孩子沉醉在电视节目或游戏中时容易遗尿，但随着年龄的增长，这样的情形会自然减少，以至消失，所以不用特别担心。要相信孩子总有一天会控制自己的排泄。

另外，孩子外出时也许因为情绪比较紧张，不容易遗尿，但在家里却可能遗尿。孩子的遗尿也与场合、心情的紧张程度有关，这在孩子上小学前后的时期较为常见。

对于心理性遗尿，要找出原因，并采取相应的应对方法。改善环境，孩子不再感到压力，情绪稳定后，遗尿的情形也会得到改善。

日间遗尿比较严重，影响融入集体生活时，可以使用纸尿裤或尿垫，防止尿液濡湿裤子。这也是权宜之计，可避免本人因尿液的气味感到尴尬，或被同伴们取笑。

除了遗尿本身带来的问题，孩子还可能因为遗尿被同伴或大人瞧不起，遭到嘲笑，或变得不爱出门，出现次生的心理伤害。对此，父母也需予以充分关注，要耐心陪伴、守护孩子的成长。

（堀　麻贵子）

04 尿频

什么是尿频

在肾脏产生的尿液，通过细细的输尿管进入膀胱暂时储存，然后再经尿道排出体外。如果把输尿管比作河流，那么尿液就是流动的河水，而在下游暂时储存尿液的膀胱就是水库。膀胱壁上遍布着非常敏感的自律神经，当尿液蓄积到一定程度时，膀胱壁受到的刺激就会通过神经、脊髓、延髓传到大脑皮质，于是就会产生膨胀感和尿意。膀胱膨胀时，就会产生排尿的需求，稍作努力，甚至只是放松即可以排尿，使膀胱排空。

所谓尿频，就是在膀胱中储存的尿量尚不够多时就产生排尿需求的情形，有时几分钟或几十分钟就会感到尿意，严重时甚至从卫生间返回房间的途中又会产生尿意。尿频和尿崩症不同，尿崩症是因尿量大而频繁感到尿意，而尿频一次排出的量少，一日的尿量也处于正常水平。尿频分为由尿路感染（如膀胱炎等）引起的器质性尿频和由心理性因素引起的心理性尿频两种，只需到泌尿科进行简单的尿检或尿液的细菌培养，就可作出判断。器质性尿频时，可采用抗生素等药物，一般都很有效。而心理性尿频在夜间睡觉时则很少出现。

尿频的原因

在重要考试、面试，或仪式前，或一段时间内无法上卫生间时，即便膀胱中储存的尿量很少，大多数人也会突然产生尿意。这是由心理上的紧张、不安引起的。一般来说，一个人在心情紧张时，容易频生尿意，而在其他情形则会有所缓解。过度的紧张情绪会产生一时的应激性尿意，甚至出现遗尿。

孩子长期处于压力下时，膀胱可能会变得过度敏感，频繁催生尿意，甚或一直都想排尿。情形更严重时，尿意可能成为应对压力、发散攻击性情绪的手段，并伴有遗尿、自伤，或其他攻击性行为。

给孩子造成压力的原因多种多样，比如弟妹出生后感到自己被忽视（特别是妈妈），或者父母生病、亡故了，无法再享受到足够的爱，处于情感饥渴时。也有可能是在教导、训练，或学习上，父母或老师的要求太严格，超出孩子的能力范围，或者环境变化太大，孩子一时难以适应。另外，患膀胱炎时会出现尿频的现象，有时治愈后也可能留下尿频的后遗症。而有日间遗尿的孩子，也可能为避免遗尿而频繁出入卫生间。此外可能还有其他原因。

尿频的应对

如果尿频是由膀胱炎、尿道炎等尿路感染所致，当然首先应使用抗生素等进行治疗。

对于心理性尿频，则需从孩子的角度出发，找出具体原因。孩子在何时、何地、在何种情况下出现尿频，无疑是重要的线索。在此基础上，再检讨在生活和教育环境等方面，有什么需要改善的，并进行相应的调整。

需要频繁出入卫生间，不仅外出时不便，而且在课堂上也难以专心听讲。因为尿频，还可能在学校成为被欺负的对象，甚至不愿去上学。因此，出现尿频时，一定要及早应对。

出现夜尿、遗尿或尿频时，首先一定要去医院检查，确认是否有身体上的异常，或存在其他隐性疾病。可以先去儿科就诊，必要时医生也会介绍泌尿科等其他科室或医院。

如果诊断结果显示身体并无异常，属于心理性尿频，那么就需给予心理支持，耐心守护孩子的成长，相信总有一天尿频会自愈的。这也是一种明智的选择。自主排泄是以生理发育为基础的，要相信孩子有自立的能力。当然，无论尿频的原因是身体上的还是心理上的，同样都会给孩子和家人造成痛苦。

一个关于排尿问题的案例

A 君是在上小学低年级的时候和妈妈一起来到笔者诊所的。两岁多开始排泄训练时，一次小小的意外使 A 君对卫生间产生恐怖感，无论如何难以在卫生间排尿。作为应急措施，妈妈想到用塑料袋接尿的办法。这个方法倒是有效，可从此后 A 君只有在妈妈的陪伴下，才能往撑开的塑料袋里排尿，其他方法都不行。A 君是男孩，上学后该怎么办啊？学校的卫生间里，女性用的有隔断，男性用的大多是敞开的。要是 A 君用塑料袋排尿，肯定会被瞧见的，一定会被嘲笑吧？还有，也不能总用塑料袋排尿啊。为 A 君的排尿问题，妈妈日夜不安，焦急又无奈。

上幼儿园后，在老师的帮助下，A 君的排尿问题得到缓解。但上小学后，情况却急剧恶化：A 君根本无法接近卫生间，有时即便强迫自己站到便池前，也排不出尿，结果一直忍着。在回家的路上或教室里遗尿也是常事。

无法在卫生间排尿，无论是 A 君还是家人都非常痛苦，经过多番努力，最终他们来到笔者所在的诊所。笔者让 A 君在妈妈的陪伴下进行游戏疗法，并为妈妈提供心理咨询。

随着游戏疗法和咨询的进行，渐渐地 A 君可以在家里的便池上铺上塑料袋排尿了，在卫生间排尿的第一个目标已经达到。接着，开始试着撤下塑料袋排尿，但似乎困难颇大，于是笔者在咨询中告诉妈妈：首先已经可以在卫生间排尿了，这是成功，下面可否在塑料袋上剪一个孔，让 A 君试着排尿看看？如果 A 君有抵触，就马上放弃。妈妈表现积极，非常配合，“原来一门心思想着怎么撤掉塑料袋，怎么就没想到这个办法呢？即便行不通也没有关系，不试试怎么知道呢！即便还没撤掉塑料袋，那也能在卫生间排尿了，那也是很大的进步啊！”结果，A 君逐渐可以在开了孔的塑料袋上排尿了。

之后在家人和本人的努力下，原本筒状的塑料袋变得越来越短，最后变成了塑料圈。每次来诊所他们都会向笔者报告取得的进步，原本情绪紧张、表情生硬的妈妈，也逐渐变得身体放松，情绪平稳起来，而一直小心翼翼、坐立不安的A君，也开始静下心来做游戏，乐在其中了。母子俩的显著变化给笔者留下非常深刻的印象。再后来A君开始不用塑料袋了，而将其揣进裤袋里当成护身袋。现在，A君已经可以在学校的卫生间里排尿，护身袋也不知何时遗落。

夜尿、遗尿或尿频等问题，容易给父母和孩子本人带来焦虑、烦躁、难堪、悲伤等各种复杂情绪，但如果换个角度，爸爸妈妈不再训斥孩子，不焦躁，安心与孩子度过每一天，也许反而是缓解排泄问题的一条捷径。当然，说易行难，如果还是难以改变心情、转换视角时，不妨寻求心理咨询，共同应对。

（堀　麻贵子）

05 遗　　粪

什么是遗粪

遗粪是指故意或无意地将粪便排泄在不允许地方的情形，比如拉在裤子里或地板上等。实际上，婴儿都将粪便拉在尿布上，而排泄训练中的孩子也容易弄脏衣物，但这些都是自然的事，不算遗粪。遗粪一般指四岁以上孩子的情形，而且也没有吃泻药，并可明确排除身体性疾病的因素。

遗粪按是否伴随便秘分为两种情形。伴随便秘时的遗粪并非有意为之，大多在本人未意识到的情况下发生。便秘时大便容易积存，可能从肛门直接溢出，呈干球状。便秘可能由心理因素引起，例如，因为心里的不安或抗拒，或不习惯在幼儿园的卫生间里排便等；也可能由生理因素引起，比如发烧时出现的脱水症状、甲状腺功能低下，或药物副作用等。便秘时肛门容易受到损伤，排便时会疼痛，大便更容易积存在肠道里，从而形成恶性循环。发生便秘时，遗粪随时可能发生，无论是醒着还是睡着，而专门到卫生间排便时却只能排出一点儿。便秘治好了，遗粪的现象也就自然消失。

另一情形便是在没有便秘情况下出现的遗粪，大便的形状和软硬程度一般都正常，而且可能出现在醒目的场所。有时孩子还会把大便涂抹到墙壁上，一种是出于偶然，为去掉或掩盖排出的大便；另一种则可能是有意为之，以发泄自己的愤怒。

遗粪的原因

对孩子过于严厉，或只随自己一时之兴教导孩子，以至于孩子的排泄训练没有规律，或者孩子上幼儿园、小学后难以适应环境，或者是和母亲的分离、弟妹出生、父母吵架等，都可能引发遗粪。遗粪可能持续数年，但很少会转为慢性。

如果一直忍着不排便，结果会怎样呢？肠内积存的大便，水分被肠道吸收后会变得干结。如果再使劲儿排便，则肠道或肛门容易受损。成人可在脑中想象身体的状况，知道不排便会对身体造成伤害，但孩子却不知道肚子里有肠子，只会感觉到肚子有点儿疼，肛门处坠胀什么的。有的男孩子甚至一度相信自己是从妈妈的肛门里生出来的。

孩子缺乏身体构造常识，行事全凭身体感觉。便秘时，排便会疼痛，而趋乐避苦是人的本性，结果大便愈加积存在肠内。遗粪后遭到训斥，孩子也会因为尽力避免遗粪而导致大便积存。另外，妈妈急着让孩子告别尿布，过早让孩子坐便盆时，孩子也容易紧张，对坐便盆产生抗拒心理，从而憋便。大便积存在肠内，水分被吸收，排便时感到疼痛，结果更加难以排出，如此反复，形成恶性循环。大便积存过多，就会不由自主地从肛门滚落出来，造成遗粪。

“混蛋”、“混账”，人们愤怒时可能会骂骂咧咧，而孩子不会用语言表达自己的愤怒、抗议或敌意，往往通过行动表现。未出现便秘且大便的形状、软硬程度都正常时，遗粪的原因则有可能是这种情形。另外，不安或难以应对压力时，也可能出现幼稚的行为，如遗粪等。

遗粪的应对

及时应对身体的需求可有效防止便秘。孩子出现便意时，就及时去卫生间。孩子感受到排便后身轻体快的感觉后，就不会再抗拒上卫生间了。时间来不及了，让孩子忍着点儿，或是要出门了，让孩子先排便，诸如此类“见机行事”的做法，都只会扰乱孩子的生理节奏。即便是排泄训练已经完成、可以独自上卫生间的孩子，也难以按大人的要求行事，更别说遗粪了。所以，有便意及时排便非常重要。

孩子排便失败、遗粪时，一定不要呵斥孩子，正如同有擦屁股这个词一样，怎么收拾残局才是关键。如果孩子总是害怕挨骂，一直提心吊胆，又怎么能学会应对失败的方法呢？妈妈和孩子都要有轻松的心态，一起愉快地清洁粪便，清洗脏污的衣物。可以将收拾遗粪的残局视为学习应对失败的一个步骤。正如一部家庭漫画中母女俩和着桑巴舞节奏唱“洗澡澡，热乎乎；小屁屁，热乎乎”入浴的场面，收拾遗粪的残局时，是否也可来一首亲子原创歌曲如“热乎乎的便便啊，便便”之类的呢？

从心理学的角度来看，大便可是孩子们馈赠的礼物。婴儿时期，可以通过大便颜色或软硬程度，了解孩子的身体状况。有的孩子看到冲走的大便，还会说“拜拜”，有的还会惊奇地指着说“哇，大便呢，快来看，快来看哪”。为什么呢？因为对孩子来说，自己排出的大便可是自己身体重要的一部分。所以，即便未以原创歌曲赞美孩子的大便，也不妨与孩子一起重视他的大便，孩子也会因此感受父母对自己的重视和关爱。

大便和饮食也有关系。多吃富含膳食纤维的食物如蔬菜、海藻等，大便就可变软，而点心、饮料、肉类等则容易导致便秘。丰富的饮食内容无疑可减少便秘的烦恼。

便秘严重时，不要强行排便，可以使用泻药。大便变软，排便也不会疼痛，坚持一段时间后，大多能恢复正常的排便。但泻药不可乱用，一定要在医生的指导下使用。

孩子出现问题时往往也是父母重新审视自己生活的良机。当孩子感受到压力时，父母也大多面临挑战。孩子上学后，妈妈还要和校区的其他妈妈们来往，或是工作上遭遇岗位调整，自己的事情已经忙得不可开交，哪有更多心力去照顾孩子呢。要是孩子再遗粪，不免会发火、恼怒。实际上，孩子对家庭氛围非常敏感，父母越是紧张、越是面临挑战时，就越需要静下心来充分应对。

（殿谷仁志）

第5章

关于安全感的问题

01　安全感与心理

什么是不安、安全感

所谓不安，就是指不能安心、有所挂虑的状态，比如对前景感到不安，对育儿感到不安，看不到将来，不知道该如何是好等，是一种无所依托、孤立无援的感觉。而安全感则是有所依托，相信自己不论怎么失败都会得到帮助，处于安全的状态，能看到希望，对现状也满意。

不安最大的特点就是茫然，与不安类似的词还有恐怖、恐惧。一个人感到恐怖时，对象明确而具体，且受到强烈的威胁，因而应对方法也是明确的，要么选择应战要么逃离。与恐怖不同，不安是茫然的，对象不明确，因而也无应对方向。因为茫然，只能待在原地不动，即便想应战，也不知对手是谁，想逃跑也不知该逃往何方。

不安也与身心关系密切。一个人不安时，会心情烦躁，坐卧不宁，心跳加快，难以成眠，同时出现心理和身体上的变化。另外，一个人受惊或感到不顺时也会感到不安。简而言之，无论是谁，对自己习惯熟悉的身心状况或环境，都会觉得安心，有安全感。一旦稍有变化，则会因前景不明而心生不安，对身心变化的前兆也会如此。

想来一个人自出生伊始无时无刻不经历着身心的变化，而在每一个成长的转折期不安更是如影随形。当然，即便不是特殊体验或重大变化，在平平常常的日子里，在普通的成长道路上，孩子也会经历不安。

刚出生的婴儿吃饱母乳后会躺在舒适的小床上安安静静地睡觉，可要是肚子饿了或是尿布湿了，就会哭闹起来，因为感受到强烈的不安。婴儿靠自己的力量什么也做不了，身体安全只能仰赖父母。身体不舒服时，就会感到强烈不安，恍若遭到生命威胁。在这个时候，妈妈往往会伸出援手，马上给换上干净尿布，或给喂奶，使其摆脱不舒适的状态。这样的体验反复进行，婴儿就会获得安全感。

婴儿对妈妈的脸庞很熟悉，觉得亲切，看到妈妈就会表现出很安心的样子。其后随着身心的不断发育，开始见到更多的人，对不熟悉的人就会认生，这也是成长过程中的新体验引发的不安。此时，婴儿会缠着妈妈，或躲到妈妈背后，以获得安全感。等到身体会移动、做动作，或会说话的时候，便会开始挑战，试着与不认识的人打交道了。他会一边确认安全感，一边尝试新的体验，在战胜不安的同时努力扩大自己的世界。“藏猫猫”、“捉迷藏”等游戏就含有这种元素。

孩子以熟悉、安全的环境作后盾，逐渐开拓新的世界，并最终学会自立，自己去面对一切，这就是成长。在成长的同时，孩子也从心理上实现与父母的分离，学会心理的自立。

在青春期，孩子不仅经历着与父母心理上的分离，而且还经历着自身的“蜕变”——成为一个新的自我。其时身心的巨大变化当然会引发强烈的不安，这种不安也被称为“分离不安”。而且，当孩子迈向新的世界时，既会有对父母的依恋，也会有摆脱束缚、获得自由的喜悦，同时还有对未来的不安。自己不会失败，受到惩罚吧？青春期孩子的心理问题，也包括对成长为大人的不安——自由唾手可得，变化也无限，故而不安多多。

在成长过程中，正是有安全感为依托，孩子才能在不安中尝试新的体验。如果缺乏安全感，或忍耐不安的心力较弱，或不安的情绪太过强烈以至难以应对时，情形又会怎样呢？俗语说“不知者是福”，“无知者无畏”，在心理应对上也有相应的情形：如果没有感知到变化，没有感到不安，是不是就可以获得心灵的平静了呢？有时，对于不安，人们会将其屏蔽，排除到意识之外。在极端的情形，人们会“再造一个外面的世界”，在那里体验不安，或者在没有意识的世界里体验不安。简而言之，就是让内心的世界变小，尽力回避不安。也有的退回到自己习惯、熟悉，有安全感的世界里，即出现幼儿心理的退行现象，使自己得到保护，重新养精蓄锐。

不安的应对

不安也是变化的前兆，不是只要消除就万事大吉的，而应视为成长的良机，善加利用。这才是正确的应对方法。人人都会有不安，完全未体验过不安的人几乎没有。生命就是一个不断变化的过程，在变化中遭遇挑战，就会心生不安。因此，如何应对不安，也可以从自己日常的应对中得到启示。

首先，确认不安的对象是什么。比如，心烦意乱的时候，不妨找个人倾诉一下。注意，他必须是一个好的倾诉对象，不会打断自己的谈话，也可以在开始之前，请求对方只需倾听即可。这样，在倾诉的过程中，原本模模糊糊的不安对象也会渐渐变得清晰起来。所以，当孩子露出不安的神情，有什么心事烦躁不安，翻来覆去睡不着的时候，父母可以坐下来听孩子闲聊，造成不安的原因大多可以浮出水面。即便孩子说得杂乱无章，不着边际，也不要打断他。孩子在轻松的氛围中闲聊，不知不觉中自己就会明白不安的对象是什么，心情也会平静下来。这时，即便还不知道如何应对，仅仅明白不安的对象，情况也会大为改观。

如果觉得孩子的话太离谱，实在没法静下心来倾听时，可以和孩子一起寻找能够倾听的人。这样，父母也发挥了“桥梁”的作用，对孩子也是很好的帮助。

其次，要培养拥有开阔的心胸，让孩子多接触、参考各方的观点和意见。即便囿于己见，孩子也难以察觉，所以要多问问他人是怎么想、怎么做的。这时，父母切不可将自己的想法、建议强加于孩子，至多只是提供参考意见，要保持适当的距离，以免引发孩子的抵触心理。确实，当孩子感到不安时，父母的意见很重要，但强加于孩子则只会引起反感，所以一定要把握分寸，比如在意见之后附上“妈妈是这么想的，你认为怎么样呀?”之类的。

也有的人擅长换个角度看问题。比如当一个人心力俱疲、无计可施时，他可能突然冷静下来，或完全挣脱现有的一切束缚。往坏处说，就是屈服于现状，不再抗争，或者因为束手无策而完全放弃，诸如此类的感觉。当一个人陷入不安的情绪中难以自拔时，要么完全沉溺其中，要么身心分离，“从外界俯视另一个自己”，从而获得心灵的平静。

最后，要谨记，什么事一旦时过境迁，都会化为过眼云烟。身在其中时，因为无所适从，强烈的不安情绪，一个人容易裹足不前，或是即便尝试也会失败连连。当然，失败是正常的，父母可以给孩子造就一个宽松的环境，让孩子在小小的失败中成长。大胆尝试，不断修正，觉得危险时，果断地退回到原处；觉得安全时，再重新挑战，反复尝试，这就是成长之路，同时也可有效缓解不安情绪。

（川原稔久）

02 夜　　哭

什么是夜哭

有些出生后四个月到一岁的婴儿，即便晚上按时入睡了，也可能在半夜三更醒来，哭个不停，而且每晚的时间相同。喂奶也不喝，尿布也换了，哄也哄了，结果还是越哭越凶。一次两次时，爸爸还忍着，可每晚都哭，爸爸就会向妈妈发火了，“烦不烦啊，上班这么累还不让睡觉，连孩子都哄不好吗！”半夜三更的，不会吵了邻居吧？白天带了一天的孩子，早就疲惫不堪的妈妈，自然按捺不住情绪，禁不住也要吼起来，“睡啊，怎么还不睡！”可孩子的哭声依旧，长此以往，妈妈睡眠不足，患上神经衰弱也就不足为奇了。

以前，人们将夜哭的孩子称作“夜哭郎”，确实，这也是养育孩子上的一大挑战。

夜哭的原因

对于婴儿来说，哭泣几乎是表达自己情绪的唯一手段。肚子饿了、尿布湿了、拉大便了屁股不舒服了、口渴了、后背痒痒、热了、冷了、被子太沉小腿儿动弹不得、电视太吵了、无聊了、寂寞了……婴儿都会以哭来表现。婴儿哭泣，可能是身体、心理，或环境等各方面的原因。有些敏感的母亲，一听到孩子哭声，就会明白是怎么回事儿，然后立即满足其需求。但夜哭的情形就没有这么简单了，即便找寻原因，尝试各种办法也不会有什么效果。

一般认为，夜哭是由睡眠模式不稳定造成的。刚出生的婴儿，时间上没有昼夜之分，醒了哭，吃了奶，换了尿布，又接着睡，然后再醒来又开始哭……就是这么一种模式，一天大部分时间都在睡觉。妈妈则无论白天黑夜都要喂奶换尿布，日复一日，得不到休息。不过，随着孩子的成长，睡眠模式也会发生变化：白天醒着的时间越来越长，睡眠时间逐渐集中到夜间。一岁时，白天只需上下午各睡一觉；两岁时，只需午后一觉；上小学后，睡眠模式开始与大人相同，不再需要白天睡觉了。

而婴儿夜哭的时期，从出生后四个月到一岁，正是睡眠模式发生急剧变化的时期，因此夜间睡眠很不稳定，哪怕是一点小小的刺激也会醒过来，或者迷迷糊糊地开始哭泣。

夜哭的应对

因睡眠模式不稳定而出现的夜哭，几乎都会随着睡眠模式的稳定而消失。应对夜哭，首先最重要的是不要过分担心，即便放任婴儿夜哭，他也会有停止的时候，又会重新睡觉的。其次是尽力减少诱发孩子夜哭的因素，使之尽可能获得稳定、深度的睡眠。

喂奶、换尿布，让婴儿身体处于舒适的状态自是不用说，同时还要注意室温、噪音、寝具、换气等环境因素。

另外，还需白天在孩子醒着的时候尽量陪伴，比如一起到公园散步，或是一起购物、在家里玩玩具……白天的生活有适度的刺激和乐趣，夜间就能睡踏实了。白天的生活模式确立，夜间的睡眠自然变得稳定。

以前人们认为夜哭是由“疳虫”引起的，会向神乞求“封虫”，父母也因此而感到安心，这也是缓解担忧的一种生活智慧吧。父母情绪稳定，孩子夜哭时就不会过于担忧了。同时注意给孩子营造一个获得深度睡眠的环境，夜哭的现象就会在不知不觉中消失。

另外，如果孩子夜哭的现象长期持续，以至于妈妈身心俱疲时，则可以去儿科就诊：或是让孩子暂时住院观察，或是开一些副作用小的安眠药。孩子睡眠好了，妈妈的身心恢复平衡，将更有利于建立良好的家庭生活模式。

（稻井敏员）

03 发 脾 气

什么是发脾气

超市零食卖场：一名三岁的孩子仰面朝天躺在地板上，手脚乱动，号啕大哭，因为妈妈不给买心爱的零食。面对孩子的耍赖、哭闹，妈妈也无可奈何，只好屈服了。这就是孩子发脾气的表现，想来谁都遭遇过这种场景吧？

当事情不如所愿时，孩子可能又哭又闹，或躺到地上挥胳膊蹬腿儿，以发泄强烈的愤怒和不满，这种状态就被称为发脾气。因为情绪特别激动、兴奋，有时还会呕吐，甚至出现以头撞地等自伤行为，反应进一步升级。

有的人个性太强，暴躁易怒，人们会评价他“脾气不好”或说“看，那个人又在发脾气了！”这种性格评价由来已久，当然是针对成人的。不过，孩子发脾气的情形更常见，尽管会随着年龄的增长而减少。

发脾气的原因

发脾气是愤怒爆发的一种表现，当事物不如所愿，超出自己的忍耐程度时就会出现。幼儿在理智和情感上尚不成熟，很多事情即便开始去做，也多遭遇挫折。比如搭积木，很难搭成自己想象的样子，多试几次，就会烦了，再后来就会情绪失控一下子爆发出来。

还有一种情形就是别人未能按自己的意愿去做，因而感到愤怒。能力有限的幼儿，很多事情需要大人帮忙，但语言发育还不成熟，难以如实地表达自己的想法，结果就会变得烦躁不安，“怎么还不明白呢！”其实大人也有类似情形。与孩子相比，大人已经发育成熟，情绪应该更加稳定，也更有忍耐力，但在语言上输给对方、被驳得哑口无言时，是否也会暴跳如雷，甚或诉诸武力呢？缺乏表达能力的孩子，于是大发脾气，希望以此获得父母的帮助。

孩子烦躁不安，父母也许不知道是什么原因，也不胜其烦，结果往往大而化之，不予过多理会；或者虽然知道原因，但难以满足孩子的要求，希望孩子学会忍耐。但孩子的忍耐超过极限时就会情绪失控，发起脾气来。这时，父母就该慌神了，哄哄孩子，或是满足孩子的要求，总之，只求别再哭闹了。不是有种说法叫做“哭闹的孩子、地头蛇，谁能压得过！”吗？孩子在超市躺着打滚儿，号啕大哭，又有几位妈妈能够坚持自己的意见？

发脾气的应对

首先应该明白孩子为什么发脾气：他想干什么，或是希望表达什么？明白这一点，就知道该如何应对了。发脾气的孩子已经陷入不知所措、无能为力的境地，忍耐已超过极限，所以才变得情绪激动，大吵大闹的。这时，父母可以来到孩子身边，细语抚慰，“怎么了？很难受吧，别哭了呀。”有时，仅仅是几句话语，孩子的情绪就可能平静下来。然后，再和孩子一起完成他想做的事情。

“没人帮我，做不了，没人理解”，如果一个人总是经历诸如此类的体验，就会失去自信，变得情绪低落、易失控。反之，如果一个人不断拥有“有人帮我，做成了，得到理解”之类的体验，就会获得自信，变得情绪稳定。即便遭遇一些小小的挫折，也会有足够的心力去克服，从而养成坚忍不拔的性格。

当然，也不能一味满足孩子的要求，像在超市里拗不过孩子的哭闹而给买零食的那位妈妈。否则，孩子就会以为，只要发脾气，父母就会屈服，满足自己的要求，结果，孩子发脾气就会不断升级，并失去学习用语言表达自己的机会，不能够培养忍耐的能力。

难以满足孩子要求时，也许孩子会大发脾气，哭闹不休，这时，妈妈可以轻声抚慰，“是啊，想要这个，很难受吧”，同时控制自己的情绪，不要批评孩子，更不可动手打孩子，要静等孩子情绪平复下来。等到孩子发现哭闹也达不到目的而放弃，愤怒也消失时，妈妈要适时予以表扬，“真是乖孩子，都学会忍耐了。”作为父母，一方面要与孩子共情，表示理解他的心情；另一方面也要态度坚决，不允许的事情绝对不行。

随着年龄的增长，孩子自己能做的事情越来越多，也逐渐学会用语言表达自己的感情和要求，发脾气的情形自然减少。

另外，发脾气也可能是孩子身体不适的信号，虽然这种情形比较少见。如果孩子经常发脾气，或情绪太过激烈时，不妨向幼儿园、小学的老师，发育咨询机构或医院的医生寻求帮助。育儿切不可独自进行，一定要向朋友、有经验的妈妈、老师或医生咨询，获得他们的帮助，这样才能更好地享受育儿的乐趣，并尽早度过孩子发脾气的这一难关。

（西部美志）

04 吮指、咬指甲

什么是吮指

吮指即是俗称的吃手指，吮拇指的情形比较普遍，也可能将整个拳头放进嘴里吮吸。

婴儿出生后吮吸乳汁，通过嘴体验到满足感，进而感知世界。一般来说，婴儿两个月时开始出现吮指行为。肚子饿了、困了、寂寞了，会一边含着手指头，一边傻傻地望着某处，露出怡然自得的神情。对婴儿来说，手指可是妈妈的“替代品”，会带来安心感、满足感和心理安慰。对这一时期的婴儿来说，手指就是玩具，吮指是成长过程中的自然现象，不需特别担心。

随着年龄的增长，孩子的世界不断扩大。渐渐地，手可以活动自如、自由抓握了；可以拿在手里玩耍的东西也越来越多。等到腰板硬朗了，腿脚也听使唤了，就会连跑带颠地在户外玩耍了。让孩子着迷的事情越来越多，哪还有余暇吮指！所以，到孩子三四岁时，吮指的现象会急剧减少。

如果三四岁的孩子还在吮指，周围的大人就会觉得“好难为情啊，别吮指了吧”。

吮指的应对

给安抚奶嘴、在指头上涂芥末，或缠创口贴，诸如此类纠正吮指的方法，都是从前流传下来的，应用甚广，但并不是对哪个孩子都有效。比如，有的孩子使用安抚奶嘴后，吮指的习惯倒是纠正了，但到老大年纪仍然叼着个安抚奶嘴，让人看着都怪难为情的。

还有什么别的办法呢？首先，可以在孩子吮指时提醒一下。如果本人愿意改掉这个毛病，时不时提醒一下也许有效。当然，实际情况是，反复提醒对大多数孩子都没有效果。这时，不要强行纠正孩子的吮指，可以不着痕迹地转移他的注意力，比如带孩子做感兴趣的事儿或喜欢的游戏，这样一般效果更好。孩子兴趣盎然、沉醉在玩耍中时，很少再有余暇吮指。值得注意的是，孩子感兴趣、热衷的游戏、活动越多，吮指的情形越少。另外，观察孩子何时吮指，也有利于找到应对方法。比如，对入睡前吮指的孩子，妈妈可以带着睡觉，孩子有了安全感，吮指的行为就可能减少。

当生活环境发生变化时，原本已经戒掉的癖习也可能再次出现。比如，弟妹出生后，父母的注意力更容易转移到婴儿身上，孩子可能感到被冷落了。当大人眼热某种东西时，不是有垂涎欲滴的说法吗？这时，孩子可真就“衔指而食”了。孩子究竟渴求什么？是爱，忘我的玩耍，还是需要小伙伴，父母应该做到心里有数并予以应对。当然，也不可目的性太强，故意强调为纠正吮指的习惯而特意怎样。否则，孩子可能越发坚持吮指，反而难以改正了。

也有的父母担心会影响齿列。对此，医生的意见也不统一，有的认为应尽快纠正，有的认为不必过于担心。其实不论怎样，都鲜有造成严重后果的。

实际上，并没有成人还在吮指的，吮指的现象会随着时间的流逝而自然消失。孩子的成长过程有进有退，但无疑都会茁壮成长。父母对孩子的成长过于焦虑、紧张，反而容易给孩子带来不良影响。等孩子吮指的习惯消失时，孩子的成长一定又上了一个新的台阶。

什么是咬指甲

咬指甲就是指咬手或脚上指甲的行为，在孩子中非常常见，大多始于三四岁。有的孩子总是将指甲咬得短短的，都不用剪了，也有的孩子甚至将指头咬得鲜血淋漓。

有的孩子是由吮指的习惯转为咬指甲，也有的是因生活环境的变化或人际关系的压力而开始咬指甲。大多数孩子上中学以后就不再咬指甲了，但也有成人后仍然持续的，还有的转而咬铅笔。

一般认为可能是紧张、不安、烦躁、无聊等原因造成的，是孩子感到某种压力时，为缓解压力、稳定情绪而做出的本能反应。咬指甲的原因虽然因人而异，不能一概而论，但无疑都有一个共同点，就是需求未得到满足或情绪过分紧张。

咬指甲的应对

同吮指一样，具体方法有在手指上缠创口贴或涂芥末等，可对上小学后的孩子来说，这些方法就不适用了吧？

癖习既有习惯使然，也有压力而致。当一个人面临压力时，可能无意识地采取某种行动以保护自己，久而久之就成癖习。要让一个人控制自己的癖习，他是不是会变得烦躁不安？越强调，越难以控制。咬指甲也不例外。一心纠正咬指甲的习惯时，孩子可能为缓解不安情绪转而生出别的癖习。严厉制止也许有效，但过一阵子，孩子可能又故态复萌。因此，与其一味担心孩子咬指甲的不良后果，还不如切实思考孩子为什么会咬指甲，并加以应对。

对幼儿或小学生来说，玩耍是否充分就非常重要了。孩子可在玩耍中释放压力，只要玩得足够开心，即便有什么癖习，也不需格外担心。有的孩子可能将手指咬得血淋淋的，惨不忍睹，这时，就需予以清洁、消毒和包扎了。孩子咬指甲的情形变得严重时，父母也需特别注意。对孩子来说，也许面临的挑战太严峻，已经难以应对了，正在向父母发出求救信号。否则，何不将咬指甲视为一种无伤大雅的瑕疵，耐心守护孩子的成长呢？

（坂野时子）

05 自　　闭

什么是自闭

自闭在普通意义上一般指内向、消极，不爱与人交往等性格特征，而在婴幼儿健康诊断中则指有以下表现的状态：①不能与人建立人际联系，没有情感上的互动，具体表现为避免接触他人的视线，对人缺乏依恋，唤本人名字也没反应，不喜欢与人交往，对他人的情绪没有感觉；②无论是否会说话，都鲜与他人进行语言交流，具体表现为不会用手指人指物，没有表达自己的愿望，难以在区分对方和自己的基础上进行对话；③过分拘泥某种事物，如重复晃动手掌等，不喜欢变化，囿于自己熟悉的模式等。

孩子出现以上表现或征兆时，一般会被冠以“自闭”的诊断，继而需要予以特别应对并观察发展状况。

也许婴幼儿或多或少都有以上表现，只是自闭的情形更严峻，也更难以缓解。自闭的症状一般在幼儿期开始显现，并随年龄的增长而发生变化。如果语言发育良好，对自闭的诊断可能会更晚一些。

在诊断病名上，除自闭外，还有广泛性发育障碍、自闭性障碍、埃斯博格综合征（Asperger Syndrome）、高功能自闭等，都因诊断标准、诊断时间、表现症状等而各有侧重，在孩子上小学之前，一般难以做出确切的诊断。

至于自闭的原因，曾有多种说法，现在一般认为是由脑功能发育障碍引起的。人们发现出现自闭的人群由来已久，一般男孩和女孩的比例是 3～4∶1，所以也多被认为是由某种先天性因素所致。

自闭的孩子还可能伴有身体残疾障碍、脑电波异常、癫痫，以及其他发育障碍，因而也需在这些方面予以应对。但只要孩子出现自闭倾向，就说明需要采取相应的养育方法，应对自闭症状本身。

自闭孩子的心理

一般来说，自闭的孩子并不是刻意回避人际联系，而是因为无法与人交往，故而将自己封闭起来。即便与人共处一个空间，也没有心理上的接近，存在一种距离感。

自闭的孩子有着独特的知觉、感觉和内心世界，缺乏交流能力，因而难以适应人际环境。他们心里不仅没有他人的意识，而且也没有“自我”的意识——自己存在于此的感觉，这是与他人相对时的前提。一些已经成年，患有自闭症的人在著书中如此披露他们独特的内心世界。

自闭的孩子也许看起来无视他人的存在，我行我素，其实，在这个与他人共同生活的世界里，他们的表现更是因为不知所措而陷入恐慌，或为逃避这种恐慌而采取的自卫措施吧。

自闭的应对

自闭的孩子因年龄、环境，和与之共同生活的人而表现出不同症状，这也表明自闭的孩子有可能接受与之相处的人的影响。自闭并非养育方法不当造成的，但适当的养育方法无疑有助于孩子的成长。

发现孩子有自闭倾向时，作为父母，就应该思考如何守护孩子的成长，让孩子获得生存所必需的智慧、技能，并努力付诸实践。目标不是让孩子回归正常状态，过正常的生活，而是如何尊重孩子的个性，努力实现他所能达到的目标。

与人建立信赖关系，有助于拓展今后的人生和增大机会，不妨从这一点出发吧。自闭的孩子因为自身的特点，不容易与人形成良好的情感互动，获得对方进一步的情感投入，因而也难以建立成长所必需的情感纽带。作为父母，应尽力弥补孩子这方面的欠缺，避免给孩子造成次生伤害。父母可有意识地改变自己与孩子的互动模式，注意观察孩子，努力理解孩子独特的内心世界。

当环境安定、前景可测时，一个人就不会感到无所适从。在稳定的人际关系、安全的环境氛围中，孩子也易于打开心房，探索外面的世界，不再自闭于自己的世界。他会观察周围的环境，一点点接受变化，学着适应，这也是培养适应能力的基础。因此，父母一定要耐心守护孩子的成长，切勿操之过急。

此外，还应尊重、理解孩子独特的交流方式和适应模式。日常生活作息应简便易行，与孩子交流时，也要注意从孩子的视角出发。传递信息要具体，直接告诉孩子该怎么做，而不是不能做什么。当难以通过语言进行交流时，还可以采用图像等其他方式。

不过，向孩子热情地张开双臂时，并不见他满怀欣喜地扑过来；满怀爱意的一声声呼唤，迎来的却是无动于衷。无论是谁，面对这样的孩子，都会变得沮丧，感受到一次次的挫败。育儿的热情不会消退，还会期待与孩子建立情感纽带吗？确实，不仅是育儿，在人际交往上，也需双方进行情感互动，带来愉悦，才能持续下去。

孩子没反应，不能实现情感互动，这并不是任何人的错，而是孩子自身背负的困难所致。与自闭的孩子交流时感受的挫败，也正是共有了孩子背负的困难。

养育孩子，并不是为了从孩子那儿得到什么回报，比如，孩子天真无邪的笑颜，百分之百的依恋，或从孩子茁壮成长中获得成就感，而应该有单纯付出、奉献的意识，让孩子获得安全感和稳定的情感支持。

还有，父母也需调整与周围的人的人际交往。自闭的孩子的行为并非出于恶意，但因为固执于自己的模式或难以察觉人际的微妙，也可能与周围的人造成冲突。这时，就需要周围的人要有足够的气量和大度，体谅孩子，理解他的独特性。作为父母，也要勇于求助，大方地接受别人的帮助。养育自闭的孩子，陪伴他的成长，也是父母自我成长、超越自我的过程。

儿童精神科医生、儿科医生、保健医生、临床心理医生、保育员、老师，以及其他自闭的孩子的家长，都可以提供很好的帮助。随着人们对自闭的认识、研究的深入和应对经验的蓄积，如今自闭的孩子的成长发育状况已大为改观。对自闭的孩子，已经不再是单纯的矫正和训练了，更多的人认识到自闭也是一种生存状态，是孩子的个性，也应予以尊重。积极获得相关人士的帮助，充分利用他们的智慧和经验，无疑会助力自己的育儿，帮助与孩子建立情感纽带。

自闭的孩子也许不善于表达自己的爱，但对守护、陪伴，全心全意接受自己的人，他们也是能感知的。遇到困难时，这样的人就是他们最后的依赖。伴随拥抱、牵手等身体接触的人际关系会给孩子带来安全感。孩子会进而利用自己的身体感觉，一点点探索外面的世界，还可能学会模仿、说话和培养生活自理能力。

自闭的孩子的社会适应能力、智力发育状况不一，有的孩子学会说话后，由于内心世界的独特性和难以恰当地表达自己，也容易出现适应困难。这时，就需体谅孩子的独特性，适时施以援手，扶助孩子在曲折的人生道路上前行。

自闭的孩子进入青春期后，也会经历青春期危机。敏感、脆弱的孩子更容易变得茫然、无所适从，这时也需要父母予以全面接受，给予人生的指引和启迪。青春期过后，虽然也需要特别应对，但通过工作和劳动，孩子最终也会建立起自己的生活的。

（村上庆子）

06 强迫行为

什么是强迫行为

反复确认同一件事，洗手洗个没完；有洁癖，不愿触碰物体；偏执，不会变通；凡事追求完美，不达目的决不罢休；明明不能碰的东西，还是忍不住伸手去摸；一定要做某件事，仿佛举行某种仪式，否则就坐卧不宁。比如，有的孩子睡觉前一定要把所有玩具逐个摸一遍，才能钻进被窝睡觉。诸如此类，不一而足。

这在父母或周围的人看来，实在难以理解，“不用那么在意呀”，“为什么那么做呢”。其实，有的孩子自己也觉得那样做很怪，自己也不想那样，可心中难以抑制的不安、无法控制的冲动，以及不做则坐卧不宁的感觉，驱使他们采取行动，这就是所谓的强迫行为。

本来，在这个世界上，并不乏忧心忡忡的人、追求完美的人、固执己见的人，同样，也有一些人执著一些在他人看来毫无意义的事。诸如此类的特点，人们可能称之为癖习、个性，有时还不失为一种优点。当然，如果超过某种程度，本人也感到痛苦但却无法停止，以至于给日常生活带来不良影响，这就成为需要应对的问题了。

在大人看来，原本孩子的固执就毫无道理，他们乐此不疲的游戏也了无兴味。那孩子的行动哪些是玩耍，哪些是强迫性的呢？区分起来确实不容易。有时，孩子的强迫行为还因时因地而变，比如，在家里并无类似行为，在学校却有。因此，还容易被认为是故意的，或是顽皮捣蛋。

强迫行为的原因

出现强迫行为的疾病包括强迫神经症、抑郁症、精神分裂症等。此外，自闭症、埃斯博格综合征、抽动障碍（Tic disorders）、发声与多种运动联合抽动障碍（Tourette Syndrome）、癫痫症等都可能伴随强迫行为。首先要确认是否患有以上疾病或障碍，然后采取相应的应对方法和治疗措施，有时药物治疗也有一定效果。所以，一定要找专科医生（儿童精神医生）进行诊断。

关于强迫行为，人们一般首先想到的是强迫神经症（强迫性障碍），主要表现为强迫行为和疑问，病因尚不明确。也有观点认为是养育方式太严格所致，尤其是进行排泄训练时。现在，随着对大脑功能研究的深入，人们更多地认为是生物学方面的原因引起的。

另外，一些没有心理疾病或障碍的孩子也可能出现一时的强迫行为，这大多与面临的挑战、不安的情绪或压力有关。

强迫行为、强迫观念

与强迫行为密切相关的是强迫观念。所谓强迫观念，就是脑海中不断涌现出的、挥之不去的思绪，即便主观上想无视、忘怀，可还是反复涌现。比如早上出门上学时，可能会涌现出“是否忘带什么东西了”这样的强迫观念。这时，就会打开书包检查，确认东西是否都带全了。对一般人来说，确认后就会放心了。可是，如果“是否忘带什么东西了”的念头仍然不断涌现，成为强迫观念，一个人就会又开始担心，再次打开书包检查确认，如此反复，出现强迫行为。即使主观上想停止，也会因坐立不安的情绪而欲罢不能。另外，还有“睡觉前不祷告，家人不会遭殃吧”，对于禁止的事，老想着“为什么不让做呢”，以及“手上沾了细菌，不会生病吧”、“作业必须做得全对”等各种各样的强迫观念。

出现强迫观念或强迫行为时，即便自己也知道不对，但却难以停止，并为此感到烦恼和痛苦，“为什么会这样想或这么做呢?”当然，有的孩子可能并不知道出现这种现象是不正常的，因为孩子尚不具备客观审视自己的能力，还不能区分现实和想象之间的差异。

强迫观念和强迫行为也可能因时间和场所不同而出现或消失，变得更严重或减轻，有时甚至自然消失。不过消失后又复发，或出现其他强迫观念、强迫行为的情形也并不少见。这些情形在何时出现，并没有一定的规律。但情绪紧张、不安加剧、过度疲劳时，强迫观念或强迫行为都可能变得更严重。

强迫行为的应对

强迫行为并不是凭本人努力就能停止的。如果因此而批评孩子，孩子更会感到无所适从。叱责孩子，强迫孩子改正，也几乎没有什么效果。强制改正，孩子会陷入极度不安，或表面上改了，背地里还是老样子。“又要强迫改正吧”，“发现了会挨骂吧”，孩子处于焦虑和恐惧中，强迫行为变得更加严重。

孩子出现强迫行为时，父母应该努力帮助缓解紧张的情绪和不安，而不是一味纠正，也不要过度关注强迫行为本身，否则孩子可能有被监视的感觉，情绪变得更加紧张，强迫行为更是难以停止。

有强迫行为的孩子，可能原本就容易情绪紧张，陷入不安，或心思比较细腻。不安、情绪紧张或强迫行为会使孩子感到身心疲惫，努力营造一个和谐、放松的家庭环境吧，让孩子的身心得到休养。孩子因某事而过分焦虑时，可以安慰他，“不要过于担心，没事儿的。”当孩子学业负担过重或有重大活动时，可能会感到压力，这时父母可以劝慰孩子，“凡事不用追求完美，过程比结果更重要。”孩子即便一时听不进去，父母也不用过于着急。

当然，还需找专科医生，如儿童精神科医生等进行诊察。如果不了解相关机构，可以向儿科医生或儿童咨询中心询问。得到专业的诊断后，再接受必要的治疗，同时注意在日常生活上进行应对。

此外，对与孩子相处较多的大人，如学校老师或亲戚等，最好也将孩子有强迫行为的情况告知。如果不了解孩子的情况，他们可能会误认为孩子的行为是故意的，或努力纠正孩子，结果适得其反。父母或老师也可以好好商讨一下与孩子的相处方式。

有强迫行为时，本人痛苦，也会给周围的人带来负担，孩子的情况尤其如此。所以父母也应尽量放松身心，注意休息，不要过度劳累。如果父母始终情绪紧张、惴惴不安，孩子的情绪也难以稳定下来，更会陷入恶性循环。放松身心，耐心陪伴、守护孩子的成长更重要。

（辻村 淳）

07 夜惊、梦游

什么是夜惊、梦游

孩子入睡后约 90～100 分钟，突然从被子里坐起，大睁着眼，一副惊恐不安的表情；大声叫喊，仿佛求助一般；全身大汗淋漓，脉搏加快，呼吸急促，瞳孔扩大；搓手，挥动手臂，或咬手指；在床上又蹦又跳，在房间里乱走、乱跑，有时甚至跑出家门，撒尿；嘴里嘟嘟囔囔，说着一些意义不明的话语，也难以唤醒。表现不一而足，这种状态一般持续 5 分钟左右，长的可达 30 分钟。然后一下子安静下来，好像什么都没发生过一样一觉睡去，翌日早晨醒来什么都不记得了。

这样的症状被称为夜惊，一般常见于 4～8 岁的孩子，且男孩多于女孩。

而在睡眠中突然从床上坐起，下床走路或跑动的行为则被称为梦游。它没有夜惊中那种强烈的惊恐或不安，但同样可能反复嘟囔一些意义不明的话语，也难以唤醒，翌日早晨醒来也什么都不记得了。梦游多发于小学时期，有调查结果显示，在 5～12 岁的孩子中，有 15% 的孩子至少发生过 1 次梦游行为。和夜惊一样，梦游也是男孩多于女孩。

夜惊和梦游相同之处颇多，接下来介绍夜惊的原因和应对方法。

夜惊的原因

一般认为，夜惊是由生理因素和心理因素共同作用引起的。生理因素主要是指孩子的睡眠机制尚未发育成熟，而睡眠机制包括睡眠模式和睡眠相两个方面。

睡眠模式指一天中睡眠时间段的样式。刚出生的婴儿，吃睡昼夜不分，醒来吃了奶又睡，睡眠模式以 2 ~ 3 小时为一周期。此后，随着孩子的成长，睡眠逐渐集中到夜间，到 4 ~ 5 岁时，睡眠模式大致和成人一样，只在夜间睡觉了。但孩子的睡眠模式尚不成熟稳定。

睡眠相则指睡眠中呈现的两种不同状态，包括快速眼动睡眠（REM）和非快速眼动睡眠（NREM）。在快速眼动睡眠中，眼球会快速转动，身体活动频繁，心跳、呼吸次数增多而且不规则，脑电波与清醒状态下相同。一般认为这时大脑处于觉醒状态，身体疲劳正在缓解，有 80% 的人会做梦。而在非快速眼动睡眠中，眼球不再转动，也没有身体活动，心跳、呼吸次数减少，大脑活动减少，这也是恢复大脑疲劳的时期，此时少有人会做梦。

成人正常的睡眠从非快速眼动睡眠开始，然后进入深度睡眠，接着转为快速眼动睡眠，最后再回到非快速眼动睡眠，1 个周期约 90 分钟，反复进行。非快速眼动睡眠和快速眼动睡眠的比例为4:1。刚出生的婴儿，两者各占一半，其后随着年龄的增长，快速眼动睡眠时间逐渐缩短，到4~5岁时，两者比例变得和成人一样，只是睡眠周期仍不成熟稳定。

无论是从睡眠模式或睡眠相来看，4~5岁孩子的睡眠机制都尚未发育成熟，呈不稳定状态。在非快速眼动睡眠中，一点小小的刺激也可能中断深度睡眠，而在快速眼动睡眠中，也可能呈半睡半醒的状态，所以孩子容易出现夜惊。

简而言之，夜惊是由睡眠机制尚不成熟稳定引起的，会随着年龄的增长而自然消失。实际上大多数孩子到12岁以后也不再出现夜惊了。

另一方面，导致夜惊的心理因素也不容忽视。4~5岁孩子已基本确立自我，但与成人相比，仍然非常脆弱。如果出现父母关系不和等家庭问题，孩子的情绪就会立即受到影响，陷入极度不安，夜间就容易出现噩梦。一般认为噩梦可以消解白天的痛苦，治愈心灵。可如果家庭内部冲突不断，孩子总是处于不安情绪中，则可能长期做噩梦，从而出现夜惊。孩子总是出现夜惊时，不妨审视一下家庭环境，是否有使孩子陷入不安的因素，并作相应改正。

夜惊的应对

夜惊的主要原因在于睡眠机制的不成熟、不稳定，一般会随着年龄的增长而自然消失，不用过分担心。其次，应尽量帮助孩子形成稳定的睡眠机制。

白天适度活动可以改善夜间的睡眠。可以让孩子和小伙伴们在户外尽情玩耍，多多活动身体，身心有一定的疲劳感就容易睡得好了。

当孩子发生夜惊时，可以唤醒孩子，抚慰一下再让他睡。难以唤醒时也不要勉强，早晨醒来后也不要特意去问昨晚的事，因为孩子本就什么都不记得了。如果夜惊明显是由心理因素引起的，应尽量找到原因并努力改善。只是心理问题往往比较复杂，单凭父母与孩子的努力也许难以起到作用，最好一起进行心理咨询。

夜惊一般会随着年龄的增长而减少，到 12 岁左右自然消失。但如果随着年龄的增长反而恶化，则可能有癫痫，最好到儿科或神经内科接受诊察。

（稻井敏员）

08 自伤行为

什么是自伤行为

自伤行为就是指自己伤害自己身体的行为，比如拍打、拧、咬自己的身体，或以头撞墙或地板，用刀子割伤自己等，表现形式多种多样。最近尤其增多的是割腕自伤综合征，即反复用剃刀或裁纸刀割伤自己的手腕、手臂、腿、足等的行为。最为常见的是在手腕割出几道较浅的伤口，伤痕并不明显，显示出自伤者当时犹豫不决的心情，但也不乏伤口较深，需要到医院就诊的情形。

婴儿期的自伤行为

有的孩子在婴儿时期出现以头撞地板或家具的行为，多发生在孩子即将学会坐或站立之前的发育阶段，大多为暂时性的。也有的撞击力度很大，需要加以注意，以免孩子受伤。

自伤行为可能是父母对孩子的关心、照顾不够，孩子自己寻找刺激的表现。可以多抱抱孩子，逗弄他，给予关怀，或让孩子多活动身体，做一些游戏，都可有效减少自伤行为。另外还需观察孩子所处的环境，或孩子与大人之间的关系，是否让孩子感到紧张不安了，并予以改善。

如果孩子的自伤行为持续到三岁以后，就需考虑是否存在自闭或其他发育障碍，需要到医院就诊了。

智力发育迟缓、自闭的自伤行为

一些智力发育迟缓或自闭的孩子，也可能出现自伤行为，一般认为是孩子心里的不安或矛盾增大，或行动难以如愿而出现难以抑制的强烈冲动，故而伤害自身。

如果孩子出现过激的自伤行为，应加以制止，以免受伤。这样的孩子往往不善于表达自己，应注意观察孩子的实际情况，努力领会孩子要传达的意思。

青春期、青年期的自伤行为

处于青春期、青年期的孩子也可能出现自伤行为，多表现为割腕自伤。在这些自伤行为的背后存在着各种各样的心理。

例如，原本依赖性强的孩子，当需求得不到满足时，可能采取自伤行为，以此向周围的人求助。而在人际关系上的失败也可能导致自伤行为，以转化对他人的攻击情绪，比如有的孩子表示“有负母亲的期许，所以伤害自己”。还有的孩子看到血从伤口流出来，从而切实地感受到自己的生命，确认自己的存在。总之，在割腕自伤行为的背后，潜藏着愤怒、后悔、孤独、空虚、自我否定等各种情感。

在割腕自伤时，孩子多出现神情恍惚、不能自已的状态，一旦割伤，心情反而平静下来，重新恢复活力。

有自伤行为的孩子，可能会告诉家人自己受伤的事，也可能划伤比较隐蔽的部位，让人不易察觉。虽然自伤行为并不等于“扬言自杀”，而且有些孩子在自伤的时候也没有自杀的意识，但是这些孩子平时大多从心底里感到空虚或寂寞，不时出现自杀的念头。

当发现孩子有自伤行为造成的伤口时，除进行消毒包扎外，还要理解孩子传递的信号，了解是什么原因导致自伤行为，并与孩子共情。同时还需努力改善与孩子的相处模式，随时敞开心扉接纳孩子，理解孩子。

此外，一些长期有自伤行为的孩子，表面上虽然过着正常生活，但往往存在不容忽视的心理障碍，应及早咨询专业人士，接受适当的治疗。如果出现切腹、咬舌之类过激的自伤行为，则可能与精神疾病有关，更须及早就诊。治疗方法有心理疗法或药物疗法，因情况而异。

自伤行为的严重性在于，它可能逐步升级，造成严重后果，所以一定要尽早应对。

（中道泰子）

09 自　　杀

什么是自杀

一般认为，自杀就是按照自己的意志结束自己生命的行为。不过因动机不同，自杀也有不同的情形。比如，在因事故死亡的人群当中，是否存在过去就有自杀意图，并因此而遭遇事故死亡的人呢？也有年幼的孩子，完全相信“死后重生”的说法，在尚未理解死亡意义之前就自杀身亡。

在日本未满 20 岁的未成年人群中，自杀是仅次于意外事故的第二大死因。据警察厅统计，从 1991 年到 2000 年的 10 年间，每年平均有 560 名未成年人自杀，且 15 岁以上的人群有随年龄的增长而自杀人数增多的倾向。

一般认为，自杀未遂的人数是自杀人数的 10 倍，但与其他年龄层不同，未成年人群自杀未遂的人数更是自杀人数的 100 ~ 200 倍。

在日本，过去有些年份，媒体不断报道在学校受欺负而自杀的案例，或对知名偶像歌手的自杀进行轰动性报道，结果当年未成年人自杀人数急增。这是因媒体大肆渲染、报道而出现的群发性自杀现象。当媒体出现同年龄层的孩子或明星自杀的报道时，未成年人出现群发性自杀的危险性就会增大，应予以警惕。当然，媒体的报道方式也值得检讨。

对自杀，从古希腊时代起，哲学家们就开始探讨其对与错，但在此主要谈论如何防止自杀的问题。

进入20世纪以后，世界各地相继出现一些预防自杀的组织。日本也于20世纪70年代开始出现以“生命热线”为代表的预防自杀组织，并在全国开展活动。近年来，网上也出现众多预防自杀的网站，为预防自杀起到重要作用。

自杀的原因及征兆

一般认为，自杀不是由某个单一因素引起的，而是多种因素共同作用的结果。但没有谁知道自杀的真正原因是什么，也许自杀者本人也不清楚吧。

自杀高危人群的危险因素包括：①有自杀未遂经历；②不认可自己的价值，自我评价极低；③患有抑郁等严重心理障碍；④滥用酒精或药物；⑤经常被周围的人孤立；⑥面临自己难以应对的挑战；⑦未得到适当养育；⑧未能从周围得到必要的帮助；⑨失去给予重要情感支持的人；⑩有过于危险的行为。

此外，自杀高危人群一般具有以下性格倾向：①凡事追求完美；②不达目的决不罢休，不容易妥协；③不爱参加社交活动，内向、消极；④看他人脸色行事，压抑自己的感情；⑤缺乏自信；⑥依赖性强，易出现强烈的攻击性冲动；⑦心情抑郁；⑧有反社会行为。

无论是谁，都或多或少具有以上性格倾向，即便相符的项目甚多，也并不意味着性格不好。但如果一个人同时面临自杀的多种危险因素或性格倾向甚是相符时，则表明他的心理能量可能不足，自杀的危险性增大，需要予以充分注意。

如果一个人出现以下自杀征兆，周围的人应及早应对：①表示受到严重心理刺激；②跟周围的人表示活着没意思，或在日记、笔记、漫画中流露；③不修边幅，抑郁状态或拒绝出门的情形明显；④避免与人接触，或表现出攻击性，人际关系不融洽；⑤身心状态不稳定，如没有食欲、失眠、离家出走、格外开朗；⑥成绩急剧下降，经常不去上学；⑦虽然还照常上学，但性格或态度突然改变；⑧收拾自己的东西，做告别的准备，如把自己珍视的东西送人，突然去见久未谋面的人等；⑨制定自杀计划，包括实地考察自杀地点等；⑩有自伤行为。

出现以上征兆时，应尽快寻求精神科医生、临床心理医生的帮助，共同应对。

自杀前的心理变化

一般认为，自杀是各种原因共同作用的结果，一个人自杀之前都会经历一个特定的心路历程，而直接导致自杀的原因往往是一些小事。

自杀高危人群都显示出一个共同特点，即孤独地在强烈的求生与求死的欲望间挣扎，而且心中的这种动摇也多半会流露出来。在考虑自杀的人群当中，有80% ~90%的人会向周围的人发出某种自杀的信号。如果能及时接收、理解这些信号，并采取相应措施，也许就可有效防止自杀了。

但孩子的情形相反，一般是在受到严重心理刺激后直接采取行动，家人、朋友、老师等周围的人几乎完全没有发现自杀的征兆。从自杀前的情形来看，也许孩子本人也没有想到会突然选择自杀，这也是孩子面临的特殊危险性。一般人也很难感受到孩子情绪上的微妙变化。但随着年龄的增长，从高中生到大学生，自杀一般不再是突发性的，而会经历一个由烦恼、困惑，至难以自拔的心路历程。

自杀的应对

如果发现某种自杀征兆，一定要及时向专业人士咨询。即便事后发现是杞人忧天、小题大做，对自杀也需慎之又慎，绝不可掉以轻心。当然，发现孩子的自杀征兆并予以应对，也需要相当大的心理能量。这时，可以向能做出冷静判断的第三方，即专业人士寻求帮助，一定会大有裨益的。

在这个世界上，大人们看来微不足道的小事，孩子却可能看作是天大的大事。而平时心情愉悦、情绪稳定时不足挂齿的小事，在心理能量不足、情绪低落时，也可能变得难以应付。

如果有人对你说“我想要自杀”，你会有什么反应？一定会心绪不宁，惶然不知所对吧？也许会岔开话题，敷衍地劝对方振作起来，或者训斥对方，结果，对方好不容易敞开的心扉又会再度关闭。这时，首先应该倾听对方表述想自杀的绝望心情。

对自杀，几乎所有的孩子都已通过电视、报纸、杂志、网络等了解是怎么回事了，而且也有不少孩子曾有过自杀的念头，有的孩子甚至面对过朋友的自杀征兆。即便是大人，自杀征兆也都是难以承受之重，所以对孩子也应进行预防自杀的教育。有俗话说“把死挂在嘴上的人未必真想死”，这完全是一种误解。一定不要轻信这样的话，发现自杀征兆或有疑惑时，不要独自应对，要及时寻求精神科医生或临床心理医生的帮助，共同应对。

（仁科 环）

10 空想、白日梦

什么是空想、白日梦

一般来说，白日梦与空想之间难以区分，但两者与妄想却易于辨别。一个人陷入空想或白日梦后，很容易重新回到正常状态，即将注意力重新转向自己的身体、心理或外界事物；而陷入妄想中的人则是不可能回到现实世界的，对本人来说，妄想的世界即是“现实”。关于妄想，将在下节详细介绍。

无论是白日梦还是妄想，从广义上来说，都可视为清醒时的空想。空想时，一个人的注意力从身心统一的自我意识中逃离，对外界的事物也视若无睹，听而不闻，返回到心理未成熟的发展阶段，是个人的一种心理反应。这种现象被称为“心理退行”，也就是回到自己“心灵的故乡”，孩子则可能返回到幼儿时期的心理。在这一点上，无论空想、白日梦，还是妄想在本质上都是同一的。

空想与白日梦的区别在于对自身身体、心理或外界事物的关注程度。了无关注时是在梦中，全力关注则是在思考，而空想和白日梦则处于两者之间，空想更近于思考，白日梦更近于做梦。

与空想相比，白日梦的内容更脱离现实，更带有一厢情愿的性质。

可以看出，空想与白日梦的差异从本质上来说在于对现实的关注程度，下面将空想并入白日梦中一并考察。

白日梦，无论对大人或是孩子来说，都有利于促进心理的稳定和成熟。下面看看孩子们常有的白日梦，比如有的孩子可能有“自己不是父母亲生的，是抱来的”，或“自己是不受父母管束的自由自在的孤儿”等白日梦。在这些白日梦中，孩子可能体验到对父母的攻击或异性爱，缓解因受现实社会规则约束而产生的压力，避免过大的心理刺激，从而获得心理的稳定和统一，以自己的“步伐”走向成熟。白日梦是与生俱来的一种心理机制，对一个人的心理成长发挥着重要的作用。

做白日梦的人的类型

国外有研究者将做白日梦的人分为以下三种类型：①不安或烦恼较多，难以全身心投入工作的人。他们沉溺于白日梦中时，感受到强烈的震撼、混乱，或体验到无所适从的感觉，更愿意沉浸在过去。②追求成功或高标准要求自己的人。他们在白日梦中体验罪恶感，对失败的恐惧，以及敌意、攻击性情感等。③积极利用自己的空想，享受白日梦，或通过白日梦设想未来、转换心情的人。接受白日梦，将白日梦作为向往未来、满足人际好奇心、活跃思维、解决问题的手段，这是这一类人做的白日梦的显著特点。

现在，人们更多关注第三类人的白日梦的积极作用，而不再单纯地将白日梦视为一种病态现象。人们开始认识到白日梦有利于缓解心理的疲劳和压力，提高创造性。偶尔做做白日梦，还可增进心理健康，关键在于如何再返回到现实世界中来。

白日梦的原因及作用

在社会生活中，心理平衡面临崩溃、压力过大时，往往容易出现白日梦。造成压力的因素如下：①失去自己依赖或感情寄托的人或动物；②在社会、心理、身体层面的自我评价受到伤害，比如自己拥有的东西被剥夺，对自己性别产生怀疑等；③自己的行为违反自己的道德规范；④难以控制自己的性或攻击性冲动，或对他人的依赖；⑤受到迫害或阻碍，被周围的人孤立；⑥某种基本需求或愿望未得到满足，不满情绪越来越强烈，自己难以应对；⑦此前自己采取的应对方法、控制冲动的方法或拥有的价值观不再发挥作用，自我控制能力面临挑战；⑧自己和他人，空想和现实的区别变得越来越模糊。

拥有以上体验时，一个人就会感到不安，进而可能产生强烈的恐惧、不快、耻辱、罪恶感、自卑感、悲伤、失落、憎恶等情绪，出现做白日梦的情形。更确切地说，在这些复杂情绪中，已经在做如儿时般的白日梦了。

因为压力而触发白日梦时，潜藏在心底的事物会浮现，时间可从近期上溯到婴幼儿时期，比如两三天前与朋友的争论，上小学之前看到的妈妈的笑颜，都可能成为白日梦中的影像。这些潜藏在心底里的事物，可能是自己一直以来有意识拒绝的需求或未能得到满足的愿望。

一般认为，白日梦有以下作用：①对不为社会所接受的性或攻击性冲动，通过白日梦的影像获得体验；②与梦中相比，白日梦中体验的冲动更直接，更逼真，可临时缓解现实中的冲动压力，有利于恢复心理的平衡；③现实场景的预演、彩排；④有时成为艺术创作或宗教活动的体验。

白日梦虽然存在某种程度的夸张或变形，但仍是现实生活中愿望的反映。它不是天马行空的想象，或与现实完全背离，也容易重返现实世界，几乎无需劳烦他人，所以不应被视为一种病态现象。但如果白日梦的持续时间和发生频率都超出正常范围，对现实生活产生影响，则需予以应对了。

（杉野要人）

11 妄　想

什么是妄想

所谓妄想，就是自己完全确信，实际上却是错误的主观判断的情形。妄想被视为精神病，特别是精神分裂症的症状之一，但在其他精神病中也可能出现。妄想的人不知道自己的判断缺乏客观性，不会反省，并失去冷静地判断事物的能力。即便他人反复指出他的判断缺乏根据，本人还是不会相信。妄想的内容因精神病的类型、病因、病情等而不同。一般来说，精神疾病治愈后妄想的情形也会消失。

一些没有精神疾病的健康人，尤其是情绪敏感的人，有时也可能出现过度的情绪反应，对周围事物产生一种近乎妄想的误解。比如“是不是在背后说我的坏话呀?”“没有怀疑我吧?”等等，并陷入烦恼。这只是一种错误认识，是误解，是可以改正的，与妄想不同。但如果怀疑是妄想，最好还是仰赖专业人士的判断，自己不要妄下结论。

妄想可能是人类历史上最古老的思维形式之一，但将其从病理的角度来研究，则仅仅是近 100 年来的事情，是由精神医学和临床心理学首开先河的。对于病因，历来不乏各种分析，近来一般认为是遗传和环境两方面的因素共同作用所致，但也尚未确定。

妄想的表现

妄想的表现和类型如下。

（1）夸大妄想

对自己的能力、地位、财产等做出与现实并不相符的夸大评价，且坚信不疑。可见于躁狂症、神经梅毒的麻痹性痴呆、精神分裂症等，表现为自大、自我中心、态度傲慢、花钱无度等。

（2）消极妄想及相关

与夸大妄想完全相反，消极妄想是做出与现实并不相符的过低的自我评价，在身体方面有疑病妄想，在经济方面有贫困妄想，在伦理方面有罪孽妄想等，可见于抑郁症，各种精神疾病的抑郁型，或通常的抑郁状态。因绝望或自责，可能会企图自杀或将全家卷入自杀之中。

出现疑病妄想时，尽管身体并没有什么异常，本人还是会坚信自己的健康出了问题；而罪孽妄想则是将过去发生的些许小事夸大成不可饶恕的罪恶而自责。

（3）被害妄想及相关

相信自己被特定的人、群体、邻居，或所有的人批判、谴责、折磨，或确信有人会投毒（被毒害妄想）或以其他方式杀害自己，尽管完全没有事实根据。

与此相关的还有关联妄想，以为他人的行动、报纸或广播报道的内容无不是在影射自己，与自己有关。此外还有相信自己始终被跟踪的跟踪妄想，相信自己无论在哪儿都被监视的监视妄想。

（4）色情妄想

相信某个特定的异性喜欢自己，其不经意间的动作、语言和行为都可能被视为是对自己发出的爱的信号。这些被妄想的对象通常是知名人士，如政治家或演艺界明星。

（5）其他妄想

相信被狗、狐狸、蛇等附体的附身妄想，相信自己就是神之类的宗教妄想，还有因曾被拘留监禁而产生的无罪妄想或赦免妄想等。

以上妄想大多出现于青春期后，但青春期妄想是例外，主要表现为体臭恐惧、视线恐惧和丑陋恐惧，有时也可能发展成精神分裂症。这些恐惧都与人际有关，尽管并不存在所恐惧的事实。体臭恐惧是相信自己的身体散发出异味，视线恐惧是相信自己的视线异常犀利或猥琐，丑陋恐惧则是相信自己身体的某些部位长得丑或畸形，因而被周围人的厌恶或孤立。

青春期以前的孩子却不存在这样的妄想，但也有淘气的孩子，可能一边叫着“我是奥特曼”从高处一跃而下，结果跌断了胳膊或腿。这种情形虽然与妄想类似，但却只是所有孩子在成长过程中都可能经历的小插曲，是正常现象。当然，如果孩子诸如此类的行动太过剧烈，疑似妄想，则可去保健所等进行发育方面的咨询。

妄想的原因及作用

我们生存的这个意识世界，在相当大的程度上，是一个条理清晰、秩序井然的世界。我们根据自己的关注程度，将所接收、体验的所有信息进行分类，花时间将其消化，整合成一个整体。这个意识世界不是一成不变的，总是处于不断变化之中。它不断接收新体验、新信息，并将其整合，形成新的意识世界。精神分裂症在急性发作期，其信息整合的机能遭到破坏，因此意识世界的信息失去了联系，变成一个个支离破碎的信息断片。

周围的人，对他来说，恍若一个个活动的机器人，建筑物、家具也都失去实际意义，变成了单纯的物体。自己原本信赖、安全生存的那个秩序井然的世界突然崩溃了，一下坠入一个混沌不堪、面目全非的世界，这对谁都是巨大震撼，都会心生恐慌。旧的世界崩溃了，如何建立新的、可以预测的世界？妄想正是这种努力之一，是整合新的意识世界的表现，具有防止心理状态进一步恶化的功能。

妄想的应对

现在精神分裂症的治疗是药物疗法、生活训练疗法和心理疗法三种疗法结合并用，其中生活训练疗法旨在使患者从完全封闭的世界中解放出来，而心理疗法则帮助患者理解并重建内心世界。对妄想的治疗并没有太大差异，但治疗本身却是长期的，需要本人及周围的人与精神医生或心理医生密切配合，不急不躁，坚信总有一天会得到改善，并为一点点小小的进步而欢欣鼓舞。

近年来，尽量保持与社会接触的开放性治疗已然成为一种世界性趋势。住院大楼不再全封闭，或尽早出院进行门诊治疗，或在社区护理站接受治疗等，实践证明都可收到一定效果。

（杉野要人）

12 抑　郁

什么是抑郁

抑郁或抑郁状态是指因身心疲惫而致的情绪低落的状态。因某种原因导致心理的能量枯竭，平时轻而易举之事也难以完成或根本提不起兴致去做。

抑郁是心理障碍的一种，原本多发于中老年人，现在则在各年龄层中呈普遍上升趋势，但在孩子中并不常见，在 10 岁以下的孩子中更是少见。但当今社会，孩子面临的压力也日益增大，有的孩子也可能出现暂时性的抑郁状态，所以也有必要了解一下。

抑郁的基本症状表现为情绪低落（心情抑郁），没有兴致或活动性受到抑制（压抑）。当然孩子情绪低落的现象并不明显，更多地表现为活动性下降或身体不适。

最近不知怎么没有精神，总是百无聊赖地在家里晃悠，表情阴郁不见笑颜，做什么都懒得动弹，也不愿和小伙伴们到户外活动，整日待在家里，这些都是抑郁的表现。也可能没有食欲，早餐不吃，午餐也剩下很多，回到家来满是疲惫的样子，一进门就倒在床上休息。特别是早晨容易出现身体不适，自诉头痛、腹痛。这样，平时轻而易举的事也难以完成了，比如，原来积极参加的学校课外活动也去不了了，课外补习班或各种文体培训也难以坚持下去，当然每天去上学也是千难万难。

抑郁的原因

一个人身心疲惫、能量枯竭就容易出现抑郁状态，这多半是由身心压力过大造成的。对大人来说也许是毫不介意、不足挂齿的些许小事，却可能给孩子带来难以承受的压力，所以考察抑郁原因时，一定要站在孩子的角度，试着去体会和理解孩子的感受。

比如补习班或文体培训的作业、练习是不是太多了？孩子在学校班级或课外活动中承担的职责或任务对本人来说是不是很吃力？也许孩子看起来是满怀热情，积极主动地进行这些活动，可越是认真的孩子，周围人的期待就越容易变成他的压力，他就越容易感到痛苦。

另外，家庭或学校的人际也容易导致心理疲劳。孩子与学校老师、同学之间的关系没有什么问题吧？在家里，是否与家人闹矛盾了，或失去某位有重要情感纽带的至亲？如果家庭的气氛长期过于紧张，孩子难以得到心理的休憩，就有可能因某事的触发而陷入抑郁状态。其实，孩子身心疲惫时，如果能在家里身心放松地休息，是可以恢复心理的能量的。如果孩子抑郁状态长期持续，就该重新审视家庭环境，确认孩子在家里是否能够身心放松，得到充分休养了。

抑郁的应对

当孩子出现抑郁时，最重要的就是休养。千万不要操之过急，要让孩子身心放松，好好休息，大多数孩子都会不治而愈，重新充满活力的。但是，对于引发抑郁的原因，比如身心的压力或人际矛盾，孩子却无力消除或缓解，这就需要父母在充分了解、理解的基础上予以应对了。

如果孩子的抑郁状态仍然持续，或虽有改善但效果不明显，则可能是对造成身心压力的原因认识不充分或并未予以改善，有时也可能需要药物治疗。无论如何，都需要去看专科医生（儿童精神科医生或精神科医生）。有时，抗抑郁药、抗焦虑药可能有效，但对孩子来说，单纯依靠药物并不能完全改善，还需适当进行心理治疗或咨询。由专业人士倾听孩子的心声，确认造成身心压力的原因，并予以改善，这非常重要。

（定本悠纪子）

第6章

关于家庭的问题

01　家庭与心理

孩子、父母和家

说到家，首先会想到什么呢？舒适、无拘无束、展现真实的自我……对家的印象大抵如此吧？一个人对家的印象好，说明他出生、成长的家庭是温暖的，他是在浓浓的爱意中长大成人的。

在学校受了委屈，是不是一路狂奔回家？门一开，看见妈妈慈祥的笑颜，是不是一直强忍的泪水如决堤一般纷纷滚落，所有的坚强瞬间崩塌？此时，妈妈什么也无需问，对孩子来说，回到家，看到妈妈熟悉的脸庞就足够了，家和妈妈就有这么神奇的力量。

在外面受了委屈，回到家里能够得到心理调适，孩子就会有安全感，就不会觉得外面的世界有多恐怖。孩子之所以能离开家，离开父母，独自在外面待上一段时间，正是因为有父母这样的安全后盾。孩子心目中的母亲形象尤其重要。孩子对养育自己、守护自己的母亲的信赖，正是培养对社会、对整个世界信赖的基石。

日本家庭是以亲子关系，或许更确切地说，是以孩子为中心的。在日本，夫妻俩单独外出的情形极其罕见，而欧美的夫妇则可能自己出去玩，将孩子交给外人带。在日本，男人大多以事业为重，家庭交给妻子打理。妻子即便有什么不满，也多会为孩子着想而选择忍耐。或许正因为如此，在发达国家中日本的离婚率才比较低吧。相应地，母子关系变得密切。也许可以说，正是母子关系密切，男人才会把全身心投到事业上。因此，孩子离家独立，也是对夫妻关系的考验。最近中年空巢夫妇的离婚率呈上升趋势。当家中只剩下夫妻二人时，妻子是否觉得再没有必要继续忍受丈夫了呢？

有“孩子是父母的粘合剂”的说法，确实，在日本，夫妇关系是靠孩子维系的。只要是为了孩子，父母会不辞辛劳，克制忍耐；也可以做出任何牺牲，而且甘之如饴。一切为了孩子，对父母来说是理所当然的事。也正因为如此，父母容易将自己与孩子混为一体。越是将孩子视为掌上明珠，宠爱有加，父母就越容易在心理上与孩子合而为一，出现所谓“爱之深恨之切”的情形。

天下没有不爱孩子的父母，也没有存心伤害孩子的父母，但有的父母却不知道如何去爱。因爱生恨，恨铁不成钢时，有的殴打孩子，有的完全放弃养育孩子的责任。作为父母，都想给予孩子们同等的爱，但孩子却希望自己是父母的最爱。感受到自己在父母心目中独特的地位，孩子与父母、其他兄弟姐妹的关系就会变得融洽；相反，如果感觉只有自己被父母冷落、忽视，就会羡慕其他兄弟姐妹，同胞间的关系也会恶化。作为父母，切不可以“爱了孩子”而自得自满、自我陶醉。

母性、父性

那么如何才能让孩子感受到父母的爱呢？这确实是一个难题，需要不断努力，毕竟做父母的不可能向孩子一一确认，“你感受到我们的爱了吗？”父母一心为孩子，反而可能遭遇孩子的漠视、愤怒或惶恐。作为父母，也许会怀疑孩子爱自己吗，不会被孩子厌恶吧？从而陷入孤独、悲伤的复杂情绪中，而且可能以愤怒来掩饰自己。

这种情绪最极端的表现形式莫过于虐待了。有虐待行为的父母，似乎都不认为自己是在虐待孩子，反倒会强调是孩子做了错事，自己在“教育”孩子。这样说来，也许没有出于虐待目的而虐待孩子的父母了吧？但是，虐待绝不是教育，只会使孩子对他人产生不信任感和恐惧感。也有人强调正是因为爱孩子才教育孩子，所谓“黄荆棍下出好人”，那孩子真的感受到父母的爱了吗？虐待孩子的父母，似乎是在努力去爱孩子，但实际上却是更希望得到孩子的爱。如果自己没有被重视、被爱的感觉，又怎么能全身心地去爱他人？

孩子就是孩子，自古而今，无不希望得到父母的爱，只是近来的孩子似乎不善于表达这种渴求。他们要么缠着父母，寸步不离，一味地撒娇，乞求父母的爱；要么完全反抗或漠视父母，表现较为极端。一般认为，这与母性的缺失不无关系。母性的核心是包容和养育，与之相对的父性则是割断和离舍。男性和女性都同时具备父性和母性，并各自发挥作用。只是男性更善于发挥父性，女性更善于发挥母性罢了，但绝对没有母性仅限于女性，父性仅限于男性的情形。

无条件地爱自己的孩子就是母性的表现。婴幼儿无自主能力，尤其需要母性的守护。但现在的日本是母性日益匮乏，而虐待孩子正是母性缺失的极端表现。母性的匮乏不仅表现在养育孩子上，也使社会的人际变得紧张、冷漠，更容易发生冲突。

恃强凌弱的欺凌行为和家庭暴力也是母性匮乏所致。将对方捆绑在自己身边，决不放手，变本加厉地施暴，甚至凌虐致死，也可以说是母性恶的一面的表现。在养育孩子上，母性的匮乏表现为难以应孩子所需恰当地给予，而溺爱却是母性的过度给予，与母性匮乏没有本质区别。正如营养过剩容易导致糖尿病一样，母性的过度给予也会妨碍孩子形成健全的心理和人格。

应孩子所需恰当地表现母性，孩子就会坦率地表达爱的需要。如果爱的给予有不确定性，孩子就会无所适从，难以适时索求，同样，被孩子厌恶的父母也会出现忐忑不安的心理，两者皆如出一辙。人人都有爱之欲返、投桃报李的本性，接受了多少爱，就会同样地回馈。如果一个人只享受被爱而不会付出，则表明他可能还需要更多的爱。受虐的人，也许有一天会变为施虐者。一个人的亲身经历、体验多少会影响他将来的人格形成和行为方式。同样，自己没有享受过的，也很难施与他人。正因为自己没有享受过，所以也容易将自己的渴求、理想强加于人。

父母应为孩子所做的，不正是恰当地回应他的需求吗？孩子指着什么让看时，父母就看；孩子提出一起玩、要吃饭时，就予以满足；孩子哭诉头痛、肚子痛时，就认真应对。这是母性非常重要的一面，此时最重要的是，父母究竟在多大程度上真正理解孩子希望父母看一看、一起玩的心情。理解了孩子的心情，才能恰当地满足孩子的需求，正确应对。如果父母的理解不到位，未能与孩子共情，那么父母的付出也未必能得到孩子的认可。有时，父母按孩子的要求做了，可孩子还是执拗地缠着父母，就是这样的情形。只有当母性恰当地给予、予以满足时，父性才能在孩子的教导、家庭教育上充分发挥作用，这在孩子出现什么问题时尤其如此，即需要母性前提下的父性。

（西井克泰）

02 家庭不和

什么是家庭不和

一般来说，所谓夫妻，就是指经过法定程序而共同生活在一起的两个人。他们原本毫不相干，成长环境迥异，价值观也各不相同。这样的两个人生活在一起时，难免产生碰撞，出现分歧，如果双方能在一定程度上互相妥协，取得谅解，就不会出现家庭不和的问题，毋宁说这正是一个家庭共建的过程。反之，如果双方无法容忍这种差异，出现心理隔阂，彼此的交流就会受到影响，家中的气氛也会变得紧张，甚至出现争吵的情形。如果双方关系继续恶化，就可能离婚，双方再也无法在一个屋檐下共同生活了。

家庭不和对孩子的影响

首先来探讨一下孩子典型的思维模式。无论从积极的意义来说，还是从消极的意义来说，孩子都是从自我出发来认识、思考事物的。对身边的人，尤其是关系密切的人，孩子更是如此。当父母关系不和，或经常打架拌嘴时，孩子就会想是不是因为自己不好或是哪儿做错了？孩子年龄越小，这种倾向就越明显。家里气氛变得紧张时，孩子就可能无端地把责任揽到自己身上，同样父母也容易变得心情烦躁，为一点小事而苛责孩子。对孩子来说，与家庭、父母共度的时光，原本应是他们可以无拘无束、自由自在地玩耍，得到父母关爱和照顾的时间，是他们探索新事物的起点。

当家庭出现不和时，孩子可能有什么表现呢？首先，孩子可能身体并没有什么异常，也没遭遇什么特别的事，可就是没有精神，时常一个人发呆，对以前喜欢的游戏、电视节目也不再有兴趣，情绪也不好，或者无端地变得很兴奋，显出快活的样子。当然，孩子的表现也随年龄而有所不同。幼小的孩子可能表现得焦躁不安或没有精神，或者为稳定情绪而向父母撒娇，或哭闹不休（也是撒娇的一种表现）。当孩子年龄更大一点儿，稍稍懂得察言观色时，如果父母之间的气氛变得紧张，或其中一方开始提高嗓门儿，孩子就可能故意快活地打闹，或者为一点儿小事哭哭啼啼，以便将父母的注意力吸引到自己身上，缓解紧张的局面。在此，孩子实际上充当着调解员的角色。有些孩子甚至不敢让父母单独待在一起，时刻记着履行自己的“职责”。可当父母关系仍然恶化时，孩子又会怎样呢？如前所述，孩子典型的思维方式是从自我出发的，他会感到很无力，无助，同时情绪的波动也大，时而情绪低落，时而兴高采烈。如果反复体验这种无力感，孩子就可能对父母之间的争吵或打架变得无动于衷。这样的孩子进入青春期后，出现什么需要父母共同应对的问题也就不足为奇了。

家庭不和的应对

孩子情绪不稳时，最好多陪他玩一玩。可以玩他喜欢的游戏，或者仅仅坐下来一起看看电视。孩子难以用语言表达的情绪、压力，可以通过玩耍得到缓解、发散。父母充分陪伴孩子，还有助于将孩子从自责中解放出来。此时，应注意不要在孩子面前说对方的坏话，让孩子陷入难以取舍的两难境地。父母可能是有口无心，可孩子却是听者有意，不知不觉中就被卷入父母之间的纷争，承受着父母关系紧张的压力。即便夫妻间关系恶化，难以共处，可对孩子来说，父母还是自己的父母，双方都同等重要。

夫妻之间的问题，最好由两个人自己解决。不得已走到离婚这一步时，还需考虑原本是夫妻双方共同承担的家庭责任（包括经济负担）会落到一个人头上，而且陪伴孩子的时间也会减少。同样，离婚后也需调整自己对前夫或前妻的感情和距离，整理自己的心绪，重新开始新的生活。

孩子年龄越大，越可能问起父母的离婚或已离去的一方，这也是他们开始摆脱自我视角，从而客观地审视、认识事物的表现。无论是难以启齿还是欲说还休，对孩子的提问，最好还是尽量客观、公正地予以回答，孩子也会得到被尊重、被重视的感觉。

（酒林康雄）

03 同胞间争执

什么是同胞间争执

有“夫妻吵架不足为外人道”的说法，一般来说夫妻间的争执往往是因为一些鸡毛蒜皮的小事，两人总会和好，用不着外人去劝解、评判，多此一举。但同一个家庭内兄弟姐妹间的争执、打闹呢，少有父母能安之若素吧？

除非是独生子女家庭，否则同胞间的打打闹闹就是家常便饭了：抢玩具、抢零食、争电视频道、谁把谁碰了一下等等，一点小事就可引发。在大人眼里，那实在是微不足道的小事，可孩子们就是为此闹了起来，有时候还拳打脚踢，做父母的很难不插手。“你是当哥哥的，快给弟弟！”“这么点儿小事，用得着动手吗?!”父母总是忍不住插嘴。结果怎样呢，孩子们的争吵马上结束，重新和好了吗？“妈妈总是帮着弟弟”，被责备的孩子（往往是哥哥或姐姐）难免口吐怨言。

即便存在年龄差异，人际的双方也是各占一半的因素，很少存在一方全对另一方全错的情形。当然，将幻想与现实混淆，受妄想支配时，可能“先下手为强”，无端地将对方揍一顿，但这种情形毕竟罕见，更多的情形是出现了什么诱发因素。

同胞间争执的案例

四岁的姐姐好不容易搭起的积木，两岁的弟弟一下就给推倒了。姐姐没喊“停”，直接敲在弟弟的头上，跟着号啕大哭。而弟弟呢，看到姐姐玩积木好玩，也伸手来取，却冷不防挨打，好奇心没得到满足，也大哭起来。妈妈该怎么办呢？

“你是姐姐嘛，怎么能因为这点儿小事就哭呢？再搭一次不就好了吗！”“弟弟又不是故意的，也没必要动手呀，喊他不推不就行了吗！”妈妈可能忍不住偏袒弟弟，想就此收场。弟弟受到妈妈的袒护，心情变好，也不哭了。可姐姐呢？“又不是我的错，明明是弟弟错了，妈妈怎么老是批评我呢！”“妈妈不喜欢我，就喜欢弟弟！”也没法发散自己的情绪，结果不满越积越多，一有机会就可能向弟弟爆发出来。也许下一次，敲打弟弟时下手会更重。做父母的本来是一番苦心，希望当哥哥姐姐的能够理解年幼的弟弟妹妹在心理、身体上都与他们存在差距，并予以适当照顾，可处理方式却有些欠妥。

那么，在这种情况下，妈妈该怎么做呢？对正在哭泣的姐姐，

妈妈：“哎呀，好不容易搭起的积木倒了。”

姐姐：“是弟弟推倒的，要是没有弟弟就好了！”

妈妈：“真是的，全都推倒了呢。”

姐姐：“本来想搭得好好的给妈妈看呢!”

妈妈：“是啊，真可惜。”

姐姐得到妈妈的理解，心情渐渐恢复平静，也不再哭了。

姐姐：“我再搭一个，到时候让妈妈看啊。”

妈妈：“一定看，肯定很漂亮吧，妈妈等着呢。”

得到妈妈的理解、鼓励，姐姐也开始体谅比自己小的弟弟了。

姐姐：“看到我搭的积木漂亮，弟弟也想玩吧?”

妈妈：“是啊，说不定呢。”

姐姐：“那我就搭两个，一个给弟弟。”

妈妈：“好啊，真是好主意。”

争吵、打架是越想阻止越容易升级，当事双方甚至会迁怒于人。平息事态最好的办法就是倾听孩子的想法，予以共情。前面是幼小孩子的例子，下面再看一下年龄稍长，小学、中学生兄弟姐妹间的争吵，又该怎样应对呢?

上小学五年级的弟弟从学校一路小跑回家就玩上电玩，眼看就要过第二关了，看来今天是无论如何要进入第三关。正在这时，刚参加完学校课外活动上初二的哥哥回来了。

哥哥：“喂，该换我打了!”

弟弟：“还差一点点，稍等一会儿啊。”

哥哥：“说什么呀，你回来就一直玩，现在该我了！”

弟弟：“昨天我叫你让我玩一会儿，你不是一直占着不放，自己玩了一整天吗？哥哥不公平！”

哥哥：“少废话，让你换就换！”

看弟弟磨磨蹭蹭没有让位的意思，哥哥上来就是一脚，接着扑了上去，兄弟俩扭打起来。正在准备晚餐的妈妈再也按捺不住了，插了进来。

妈妈：“你两个是兄弟，为什么总是打呀闹的，就不能友好一点儿?!”

接着，妈妈转向弟弟，“你哥哥说得没错，你从放学回来就一直在玩，都玩了两个半小时了，今天就玩到这儿吧。”

看到弟弟挨批了，哥哥不免面露得意之色，焉知妈妈转过头来又批评哥哥，“亏你还是哥哥呢，怎么突然就动手了呢，多危险啊！用说不行吗？马上就要期末考试了，看一看上次的考试成绩，现在还有心思玩电玩！”

迫于妈妈的威力，兄弟俩不敢再玩游戏了，各自垂头丧气地回到自己的房间，但心里仍然气鼓鼓的。吃过晚饭，一家人坐在一起看电视时，兄弟俩不知谁不小心碰了另一个一下，于是争端再起。

自古以来就有“一个巴掌拍不响，双方各打五十大板”的说法，也许争执是一时止住了，但当事双方并不心服口服，一旦有什么小小的引子，就会重生事端。父母心中祈望的“兄友弟恭”当然也成泡影。那么，对上面兄弟俩争执的情形，该怎样应对呢？

妈妈：“你们两个照这样闹下去，那就谁也别想玩了！究竟怎么啦?”

弟弟：“哥哥突然踢我!”

妈妈：“是吧?”

哥哥：“我怎么跟他说也不让我玩!”

妈妈：“是这样啊?”

弟弟：“哥哥昨天不也是一直在玩吗？我马上就要过第二关了，想停也停不下来呀!”

妈妈：“是吗?”

哥哥：“再等一会儿，再等一会儿，他只是这么说而已。”

妈妈：“总是这么说呀?”

弟弟：“可是，本来就是嘛!”

妈妈：“这样的啊?”

哥哥：“我快要考试了，本来想趁晚饭前放松一下，可他就是占着不让!”

妈妈：“哦，是放松一下啊?”

哥哥：“是啊，上次考试考糟了，期末考试想努力一点儿。玩一会儿电玩头脑会清醒好多!”

妈妈：“怪不得呢，原来是这样啊。”

弟弟：“其实我今天作业也很多，再不做的话可能完不成呢。”

妈妈：“是吧?”

弟弟：“那我今天就玩到这儿，让给哥哥玩吧。”

哥哥：“谢谢了，好好做作业吧。我也少玩一会儿，赶快复习准备考试。”

妈妈：“这样就好。”

在这个例子中，妈妈并没有去判断谁对谁错，而是倾听各自的理由并予以共情。哥哥说时听哥哥的，弟弟说时听弟弟的，都表示理解。这样，剑拔弩张的气氛得到缓和，争吵的双方也可以平心静气地表述自己的理由，交流变得顺畅，问题的解决也自然水到渠成。在此，倾听的要诀是，除非孩子征求妈妈的意见，否则妈妈一定要三缄其口。

反之，如果妈妈急于平息事态，贸然表态，结果又会怎样呢？

弟弟：“哥哥昨天不也是一直在玩吗？我马上就要过第二关了，想停也停不下来呀！”

妈妈：“说的也是呢，那今天就让弟弟闯关后再说吧。”

哥哥：“不行呀，我今天也想玩。我也快要考试了，本来想趁晚饭前放松一下，可他就是占着不让。”

妈妈：“是吧，想放松一下啊？那就让哥哥放松一下吧，弟弟今天让一让。”

弟弟：“哥哥不公平！自己昨天就玩了一整天。”

像这样，作为第三方的妈妈只顾当和事佬，结果双方谁都不满。事情圆满解决的方法，只能由当事者双方自己决定。妈妈耐心倾听各自的说辞时，说不定孩子们能找到大人意想不到的好办法，正所谓“柳暗花明又一村”也。有此领悟，面对孩子们争执的场面时，在一旁耐心守护，焉能不对孩子们丰富的心灵、高超的问题解决能力衷心叹服！

同胞间争执的应对

话虽如此，对孩子们的争执、打闹，又有几个做父母的能处之泰然？那是不是同胞之间了无争执就好呢？答案是否定的。只要与人共处，就会产生矛盾、冲突，人们正是在这一过程中，加深了相互之间的理解。有以“可以吵架”来形容朋友之间关系的亲密，一般来说形如陌路的人之间也难以达到吵架的地步。实际上，同胞间的争执、打闹是人生早期不可多得的学习机会，是孩子学会表达自己、理解对方的重要方式。打架时如何控制自己的力道，以免伤了对方；输了时如何懊悔，以及如何接受失败、重新出发；与对方和解时如何开口、修复关系，这些都是修炼人际技能的最好机会。

虽说如此，但孩子们每天都打打闹闹的，要是让他们自己待在家里，那还不闹翻天？有的妈妈表示，“孩子们平时就动不动扭打在一起，要是让他们自己留在家里，不会打出伤来吧？所以外出时总是带上一个。”不过意外的是，孩子们自己留在家里时，反而不会发生争执、打架。父母在家时，孩子们无所顾虑，因而敢于挑起事端；一旦父母不在家，孩子们则只有团结起来，自己保护自己，以应对各种意外。平时可能成为争端的理由，这时候也能忍耐了，可一旦听到父母回家的脚步声，打闹又会重新开始。在孩子们心里，有这种自然的“安全阀”在起作用。

但是，也有孩子们独自留在家里时，因打架伤得比平时还重，或是其中一个孩子受伤的情形。这就不是普通的同胞间打架的问题了，而是恃强凌弱的欺负行为。欺负是将自己郁积的不满向比自己弱小的人发泄的一种行为。此时，做父母的就该反省一下了：孩子平时有什么表现，自己的言行如何？当孩子们表示“想做这”、“想要那样”、“不愿意”时，自己是如何应对的？“不对，这样对你更好”，“那样不行”，“你说讨厌算什么，该做就得做”，如果是这样，孩子是否会觉得不被理解？从此后，也许有的孩子会完全放弃，不再表示“想做这”、“想要那样”、“不愿意”什么的了。但并不是没有不满，当父母不在家时，这种情绪也许就会冲着比自己弱小的弟弟妹妹发泄出来。如果家里孩子间的争执、打架有欺负的嫌疑时，请一定找专业人士咨询。

（木南千枝）

04 虐待

什么是虐待

为孩子提供基本的生活保障，创造良好的人际环境，培养健全的人格，开拓美好未来，正是为人父母的天职。但在年轻父母眼里，孩子几乎是天外来客，是让自己极其不安的存在，而且是自行其是的存在。由本身并不完美的父母，将发育未全的孩子养育成身心健全的成人，不言而喻，这是一项多么艰巨的任务。做父母的自己都还不成熟，却要将孩子这个“天外来客”养育成人，其间的艰辛、考验，只要是为人父母的，谁又不是欲言还休呢。从这个意义上来说，向年轻的父母传授经验，消解他们的不安，正是有育儿经验的父母们义不容辞的责任。

但是有虐待行为的家庭，往往和邻里之间的关系淡薄，与自己父母辈的关系也不融洽。不成熟的父母，得不到任何建议，只能在不安和恐惧中独自养育孩子，但孩子却体会不到父母的不安，当然也不会按父母的意愿行事。实际上，从孩子成长发育的角度来看，在某一个时期，不再对父母言听计从，而是努力按自己的意愿行事，无疑是值得赞赏、鼓励的。当然，孩子的逆反可能加剧父母的不安，有时甚至对父母原有的心理创伤形成刺激。有时，在极度不安中，有的父母放弃对孩子的养育责任，有的以暴力胁迫，有的以语言控制，还有的因为自己的心理问题，将孩子充当性行为的对象，出现各种各样的虐待问题。一旦遭遇虐待，孩子的心灵会在瞬间凝固，心理的伤害也会沉淀，极其难以缓解。虐待事件曝光后，当地居民往往议论纷纷，自责之声也不绝于耳：要是早一点儿多关注他们的家庭，多与之交流，就不会发生这样的惨剧了吧？

虐待几乎都是因父母的不安引起的。如果邻里之间能够提供帮助、咨询和意见，虐待的情形是否会有所缓解呢？无疑，虐待也反映出邻里关系的淡薄。

虐待不仅是发生在当事家庭中的严重问题，也是一个事关邻里、社区的社会问题。总是听见那个孩子大哭，有的孩子身上总是有伤，发生虐待事件后，当地居民往往这么说。由此看来，最早发现虐待嫌疑的往往是邻居们，但对于与自己没有任何交往的家庭，邻居们也大多难以“多管闲事”，结果直至悲剧发生，人们才不得不直面虐待的事实。

现在日本已实施《防止虐待法》，为尽早发现虐待，进行相关调查和治疗，减少虐待事件的发生和保护孩子，法律规定：在职务关系上，易于早期发现虐待的医生，学校或幼儿园老师，负有举报的义务。从保护孩子的角度来说，邻里之间也应有同等的义务。发现虐待嫌疑时，应及时向儿童咨询中心通报，儿童咨询中心则有义务在48小时内予以应对，而且不得泄露通报人信息。

除此之外，对于施虐的父母也不可以恶人视之，而应进行相应的教育和治疗，以便为孩子的成长提供适宜的环境。有时，也许需要将孩子与父母隔离一段时间，使孩子远离家庭内的紧张气氛，同时对父母进行教育和治疗。总之，应对虐待，应从改善人际关系开始。

虐待的类型

日本厚生劳动省将虐待分为以下四种类型。

（1）身体虐待

是指可能或已造成儿童身体外伤的暴力行为。外伤包括跌打损伤，红肿青紫瘀斑（内出血）、骨折、头部外伤、刺伤及烟头烫伤等。具体的暴力行为包括勒脖子、拳打、脚踢、摔打、用热水烫、闷在被子里、摁进水里、倒吊起来、喂异物、不让吃饭、冬天关在门外、用绳子捆起来关在屋子里等。

（2）性虐待

是指对孩子实施猥亵行为，或让孩子做出猥亵举动，以及对孩子实施性暴力或性游戏的行为。性虐待具有隐蔽性，难以查证，往往发现较晚。但如果孩子过早显示出与年龄不相应的性方面兴趣，或有频繁的自慰行为，则有可能遭受了性虐待。

（3）心理虐待

是指养育者的言行使孩子出现严重的心理伤害的情形，孩子可能出现不安、恐惧、抑郁的心理状态，或整个人面无表情，对什么事都无动于衷，或表现出强烈的攻击性，出现异常行为等，以至于日常生活受到影响。心理虐待不包括身体虐待，放弃或离弃孩子，以及施以性暴力的性虐待等。在心理虐待中，孩子的行为异常与养育者的行为存在相关性，而且可得到证明。

（4）未充分履行父母责任

为保证孩子的健康发育和成长，养育者应为孩子提供必要的安全保护，满足其最低限度的衣食住行需求，提供心理支持，购买必要的医疗服务。当孩子出现营养不良，体重、身高未随年龄而相应增长，或出现发育障碍时，是否存在父母未充分履行职责的地方呢？不可否认，也存在因父母的无知而致的情形。

受虐孩子的表现及应对

被虐待的孩子会形成独特的性格，出现以下典型表现：①再现施虐、受虐的人际关系；②被动的、不理智的依恋行为；③出现攻击性行为和惊恐症状；④异常的人际关系；⑤以暴力或性维系人际关系；⑥双重人格；⑦睡眠障碍；⑧摄食障碍。

孩子的人际交往是以与父母之间的人际模式为基础的。在暴力中长大的孩子，在与他人的交往中，也会以暴力去维系，表现出强烈的攻击性，企图控制对方。一般孩子只对自己亲近的人表现出依恋，而受虐的孩子则可能对任何接近自己的人都表现出依恋，没有选择性。其次，在外人面前可能装得很老实，但却因人际纽带的缺失，容易出现盗窃、离家出走等问题行为。此外，还可能出现噩梦等睡眠问题、没有食欲或极度贪食。而遭受性虐待的孩子，则可能出现严重的心理问题，甚或出现分离性障碍，如失忆，想不起导致心理伤害的事件，或失去现实的感觉。

孩子出现这些问题行为时，不用说，首要的是保护孩子的安全，改善其生活环境。其次，孩子已遭受严重的心理伤害，必须进行治疗。然而，让孩子离开父母，暂时切断其与唯一的血亲——父母之间的关系，孩子则可能感到巨大不安，对父母表现出更大的依恋。这样，周围的人可能产生误解，以为亲子关系已得到改善，从而让孩子重新回到父母身边，结果因此而失去性命的孩子不在少数。因此，对虐待、对亲子关系的重新评估，必须慎之又慎。

（森田喜治）

05 电视、电玩和作业

电视、电玩和作业的矛盾

“作业做完了?”

“等会儿再做!”

这样的对话在哪个家庭都会出现吧?甚或每日，或每日数次。孩子放学刚到家，妈妈张口就是，“有作业吧?先把作业做完了啊!”妈妈什么都不说时，孩子不是睡觉前才慌慌张张地拿出作业来做吗?更有甚者，到了早上才发现没做作业，哭丧着脸来找妈妈。为此，在孩子晚上睡觉前，有的妈妈还亲自检查孩子的作业呢。

那么，父母或老师为什么要让孩子做“令人讨厌”的作业呢?虽然也不乏自觉做作业的孩子。无疑，是希望孩子养成良好的生活习惯和学习习惯，培养自主性和自立性。孩子的课题就是父母的课题，孩子没做作业，不就等于父母教育不到位吗?存在这样的心理也不足为奇。

同作业一样，电视（电玩）也成为孩子生活的一部分。比起做作业，看电视、打电玩可要有趣得多，开心得多。不可否认，电视剧、有趣的电视节目及其话题，可让孩子更好地融入伙伴们的圈子。电玩的迅速普及，更让人人都成为“主角”，陶醉在“无所不能”的幸福感中，忘掉了时间的流逝。还有哪种游戏能让人如此投入呢！而且，闯过一关又一关，多有成就感啊！现在，要是谁还没有电玩软件，那可不是一般的落伍，谁还跟他一块儿玩呢！同电视一样，电玩也是孩子们中的重要话题。

由此可见，无论是作业还是电玩，都是孩子们生活中不可或缺的组成部分。父母是一心想让孩子多做作业，少看电视，少打电玩；孩子呢，则是想不做作业，多看电视，多打电玩。对作业、电玩的认识和态度，父母和孩子大相径庭。简而言之，就是命令方、执行方的心理矢量（大小、方向、能量）正好相反。

对电视、电玩和作业，父母和孩子应该怎样协调，这可是一大难题。

如何安排电视、电玩和作业的时间

为了让孩子将来能够顺利步入社会独立生活，妈妈们总是悉心教导孩子，尤其注重基本生活习惯的培养。孩子从学校回家后到就寝之前，自主有效地完成就餐、泡澡等生活自理事务，挤出更多的时间来学习（完成作业是最低目标），最后有时间时再用来玩，无疑这是普天下的父母心。

但孩子往往想先看电视、打电玩，最后才做作业。任谁都有这样的心理：不喜欢做的事情尽量拖到最后。虽然也知道该做，但有人要求时更是越不想做。将作业放到一边，沉溺于电视或电玩上，等到终于开始做作业时，才发现又累又困，什么也学不进去，结果只是闷头比划比划敷衍了事，完全达不到培养学习习惯的目的。这样的情形不少吧？

其实，电视、电玩也是满足孩子好奇心的一种重要手段，何不让孩子学会与之友好共处呢？而且还能培养孩子拥有一定的自主性和自制力。孩子年龄越小，越容易养成良好的习惯。在小学时代，让孩子选择自己喜欢的节目，或只在每天规定的时间看电视并养成习惯，就有利于培养自主性和自立性。

电视、电玩和作业的应对

那么，对电视、电玩和作业，除合理安排时间外，具体来说，又该如何应对呢？

（1）有规律的家庭作息时间

父母的生活习惯会直接影响孩子。如果父母的作息时间没有规律，孩子又怎能养成良好的生活习惯呢？父母首先要做出表率，尤其是在孩子上小学时，全家人聚在一起吃饭的时间、泡澡的顺序，都应按规定进行。家庭就是最小的社会单位，在家庭中，孩子学会控制自我和自己的任性行为，学会配合他人，这就是教养。由于就寝之前的时间有限，当然也需确定做作业的时间。

这样，一旦安排好必须做的事情的时间，孩子娱乐的时间自然就出来了。孩子可以首先尽情地看电视、打电玩，获得满足，或者确信完成作业之后可尽情地玩，那么孩子就会有足够的忍耐力和毅力来完成作业这项艰巨的任务了。为保证孩子有足够的娱乐时间，父母也需要确立有规律的家庭作息时间并制定日程表。

（2）孩子自己制订计划

就像父母有自己的想法一样，孩子也有自己的想法。父母不可武断地决定孩子做作业、看电视或打电玩的时间，然后让孩子遵从。这样做是不明智的。本来就不想做作业，还要强迫他去做，孩子又怎能静下心来学习呢？学习，只有自觉自愿，才能收到效果。孩子放学回家后，父母可以问一下作业的多少和当天要看的电视节目的时间，孩子可能选择先玩，把作业延后。此时，如果不是特别过分的话，父母可以表示同意。如果晚餐时间和电视节目的时间凑到一起了，父母可以问问孩子，“时间一样，该怎么办呢？”孩子也许会感到困惑。困惑是件好事儿，可以磨炼一个人的创造力和解决问题的能力。孩子尚处于成长阶段，还不成熟，也许一时想不出什么好办法。这时，父母就可以帮帮孩子，“咱们将电视节目录下来，等有时间时再看好吗？”适时施以援手，并进行引导，这也是为人父母的重要职责之一。

这样，在日常生活中，就可让孩子自己制订计划，学会有效利用时间。做作业和看电视、打电玩也许看起来互相矛盾，但如果善于安排，也是可以兼顾的，而且还能充分发挥孩子自己的力量，培养自主性和自立性。为此，父母就需要从孩子的角度出发，给予大力支持。确实，要处处以身作则并不容易，正所谓“说易行难”也。“该做而难以去做”的心理，无论是父母还是孩子，都是始终需要克服的难关。正因为深知，所以父母更容易情绪失控，大声斥责孩子。

（3）父母的视角、孩子的视角

在此，需要再次确认的是，电视、电玩和作业，都只是身外的事或物，其本身并无变化，但看电视、打电玩的人却因心情不同而效果各异。孩子是想获取新知、娱乐，还是想放松呢？父母就需仔细辨别，并予以应对了。孩子的需求究竟是什么，父母不妨参照自己予以考虑。

当父母心有余力时，当然可以从孩子的角度看问题，理解孩子的心情，耐心守护。但当父母心情忙乱时，就容易变得急躁，采取强制性的做法。确实人也有被强制的一面，当孩子心情愉悦时，父母让做作业，孩子也许能静下心来，父母的督促可收到良好的效果。但在孩子极度疲劳时，也许需要看看电视、打打电玩，让自己彻底放松。让孩子自觉自愿地做作业固然重要，但不要忘了：家不仅是教导孩子的地方，同样也是心灵休憩的地方。在处理亲子关系时，一定要谨记。

（林 民和）

06 犯　　倔

什么是犯倔

“我们家孩子犯倔时，真拿他毫无办法，可这是问题吗?”看见这个标题，也许有人不免会吃一惊。与虐待、家庭暴力相提并论，让人感到心惊也在所难免。不过请放心：孩子犯倔并不是什么大问题，在此探讨的是孩子犯倔时，作为父母该怎样应对。

首先要明白孩子为什么会犯倔，并理解其心理意义。辞书上“犯倔”一词的意思为：闹别扭，乖僻；固执己见，一意孤行；忿忿不平，不服从。词义是这样，可孩子为什么会犯倔，其背后有什么心理意义？对这一点，辞书上并没有说明。应对孩子的犯倔，就需努力理解其心情，并让孩子感受到父母的这种努力。

实际上，犯倔的孩子传递的信息是：请了解我为什么要犯倔！嘟起嘴、鼓着腮帮，问什么也不答、身子也绝不动弹，面对这样的孩子，做父母的不免按捺不住，“有什么你说呀!”孩子或许是难以用语言表达，或许就是不想说，所以才一直沉默不语。即便不说，爸爸妈妈也应该知道啊！结果，父母一方是“你不说怎么知道!”变得焦躁不堪，而孩子一方是“不说就不能明白吗?”自己越想越生气，越伤心。不可否认，孩子的犯倔也有向父母确认对自己的爱的成分。

幼儿犯倔的应对

这么说来，“犯倔不就是变相的撒娇吗?”确实，犯倔的本质就是撒娇，是强烈地希望对方理解自己的表现，只不过方式比较特别，让父母难以招架罢了。下面是一个幼儿犯倔的例子。

> 昭君是一位三岁男孩，家里还有刚满一岁的妹妹，妈妈既要做饭又要照顾兄妹俩，每天忙得团团转。有一天吃饭的时候出现以下情景。
>
> “干什么呢，快点儿吃啊!”
>
> 妈妈正忙着给妹妹喂饭，看到坐上餐桌却完全不动手吃饭的昭君，不免性急地训斥起来。吃完饭后还要出去买东西，送昭君去游泳班，日程都排得满满的。妈妈的声音渐渐变得大起来，“快吃啊!”“不吃!”昭君就是一句话。妈妈急着出门，“不吃就收起来了啊。”动手收拾桌子时，昭君却说“不行!”
>
> “那你究竟要怎样啊!”妈妈的嗓门越来越大，昭君终于不再开口了。结果昭君那天是饭没吃，游泳班也没去成。昭君真是个令人头疼的孩子。对父母来说，不听话的孩子就是让人头疼。不过昭君的“损失”也很大：不仅没吃饭，喜欢的游泳班也没去成，还得看妈妈的脸色。

孩子犯倔的时候，也往往是父母最忙乱的时候。“忙”这个字就是“心（竖心旁）加亡”。父母忙乱时，当然没有多余的心力去体谅孩子的心情，所以孩子寻求父母的关注、“忙中添乱”也是理所当然的了。

实际上昭君是太羡慕妹妹了，每次吃饭妈妈就只管妹妹一个人，把自己晾在一旁。说起来，自己也想和妹妹一样由妈妈喂饭，可是作为哥哥也是有尊严的。妹妹不会使筷子，自己还能使筷子呢！面对一天到晚将“你是哥哥！”挂在嘴上的妈妈，昭君又怎好意思撒娇说“我也要妈妈喂”呢？可是被冷落的心情，妈妈你知道吗？难怪昭君要犯倔了。

看到孩子犯倔、一副油盐不进的样子时，做父母的不妨退一步，不要跟孩子较劲，反思一下自己是不是只考虑让孩子服从自己，而未顾及孩子的感受了呢？孩子犯倔，可能是正在向父母发出某种信号。

也许昭君并不是个让人省心的孩子，不过，对三岁的孩子，有些事情是不是可以一笑了之呢？一般来说，随着孩子年龄的增长，人们也更期待他的自立，孩子的撒娇自然也就难以明明白白地表现出来了。

小学生、中学生犯倔的应对

京子升初二了，最近服装变得越来越花哨，也经常不按时回家，妈妈开始担心起来，怀疑是不是换了班后结交新朋友所致。

“最近好好学习了吗?”“为什么问这个?”“为什么! 都初二了，可不能跟初一那会儿一样了啊。”妈妈本意不是过问学习，可又有所顾虑，不能一下子切入正题。青春期孩子的叛逆，妈妈耳闻目睹的可不少。看穿了妈妈的犹豫，京子撂下一句“妈妈只关心学习!”后就径直跑上楼回了房间，还“砰”的一声把门关上了。

在孩子青春期这样一个成长的关键时期，做父母的固然有诸多困惑，但对孩子来说，有时也会出现自己难以应付、难以逾越的难关。面对身心的剧烈变化，最为困惑、最手足无措的莫过于孩子自己了吧?

以前和父母的关系最为亲密，而青春期后与朋友、伙伴间的关系变得更加重要，孩子的所作所为难免违背父母的意愿，可这却是孩子长大成人的必经之路。孩子生活方式的改变不免让父母感到不安，同样，从心理上与父母“渐行渐远”的孩子也会感到不安。父母的干涉、管教固然讨厌，可孩子仍然需要父母的守护和倾听啊，尽管这也有点出人意料。有的父母可能会说，“我家孩子一点儿不爱说话。”不妨回想一下与孩子谈话时的情形：是孩子在说呢，还是自己在说? 到底是谁在听，谁在点头，谁在鼓励对方把话说下去? 不可否认，很多时候是父母没给孩子说话的机会!

京子也许想跟妈妈谈谈新结交的朋友，但妈妈不问“上初二后交到新朋友了吗?”而是以说教的口吻过问学习的事，把亲子交流的第一个球打偏了。不过不用担心，毕竟孩子犯倔，说明亲子间的关系还比较牢固，“气哼哼”正是好信。“不说也能明白”，孩子对父母还有如此期待时，说明孩子还信赖父母。如果孩子对父母不再有期待、不再有要求时，孩子还会犯倔吗?

如前所述，青春期的孩子既希望摆脱父母的管教、干涉，又希望得到守护，这对父母来说无疑是个难题：怎样把握好分寸呢？在父母眼里，孩子的所作所为也太任性了吧？面对这样一个满脸青春痘、鼓着腮帮子、气哼哼的人高马大的家伙，有几位做父母的还能笑得出来？还可能将其当作三岁小儿的可爱表情？不过，这讨人嫌的样子，也确实是孩子在向父母传递索爱的信号，“听一听我说的吧，好想得到你的理解呀!”做父母的不妨退一步，认真倾听孩子的心声。

（锻治谷 静）

07 玩　　耍

什么是玩耍

玩耍是孩子成长过程中不可或缺的内容，可以帮助孩子学会各种知识和技能。正如俗语所言，“玩耍是孩子的天性”，“孩子睁开眼睛就是为了玩的”。确实，孩子的每一天几乎都是在玩耍中度过的，大部分精力也消耗在玩耍上。

来看一看公园的沙场吧：孩子把沙子聚拢堆高，然后推倒再堆……兴致勃勃，乐此不疲。聚沙、堆高、推倒，反复进行，孩子从中享受到成功的喜悦。孩子是因为觉得有趣、开心，所以才玩的。会荡秋千了、会扔纸飞机了、可以自己滑滑梯了……孩子惊奇地发现。找到好玩的，体会到其中的乐趣后，孩子开始尝试新的挑战：从短滑梯到长滑梯，从秋千到丛林迷宫……想玩、想尝试、实际尝试，萌生此种动机的孩子会很快挑战更新、更难、更复杂的玩耍项目。

与独自一人玩时不同，与小伙伴们一起玩时还会碰到新的问题：如何倾听对方的意见，如何表达自己的想法。另外，挑战更难的玩耍项目时，还会经历失败和挫折，感受懊丧的情绪。从失败和挫折中走过来，孩子会变得更加坚强，也会拥有战胜困难的勇气和力量。通过玩耍，孩子学会自己思考、判断和采取行动。

孩子玩耍的现状

那么孩子玩耍的现状如何呢?

仔细观察一下在托儿所、幼儿园或小学校里孩子们玩耍的情景可以发现：有呆立一旁、完全不参与的孩子；有莫名其妙到处转悠的孩子；有只做一种游戏的孩子；还有的孩子做一会儿游戏就跟其他孩子打起来。不会玩、不玩的孩子不在少数。另外，在新建小区宽阔的广场上，能看见妈妈带着玩的幼儿，却少见自己出来、兴致勃勃地玩耍的孩子的身影。下面，从玩耍的场地、玩具和玩伴来考察一下孩子玩耍的现状。

首先来看看孩子玩耍的场地。孩子可喜欢在广阔的空地或广场上自由奔跑了。孩子们需要可以满地打滚儿，和伙伴们一起玩耍的场地。但现状是孩子在空地或广场上玩耍的机会越来越少：一方面是城市的建筑越来越密，交通越来越拥挤，孩子们被迫待在家里；另一方面是随着大众媒体的迅猛发展，尤其是电视和电玩的普及，孩子更多是被动地玩，与小伙伴们一起玩耍的机会大大减少。其实，孩子和父母们希求的，不是什么高级、昂贵的设施，而是就近的、安全的玩耍场所而已，这难吗?

其次是玩具和材料的问题。现在，在孩子们周围可以说是玩具泛滥成灾：有按一下按钮就能跑的汽车，有会说话的人偶，还有各种各样的游戏软件。置身于各种高档玩具中的孩子，还会自己找空箱子作小屋，用沙子堆沙堆，与小伙伴们一起在沙坑里挖地道，搓泥团打仗吗？他们还能体验到手工做玩具的乐趣吗？批量生产广为销售的玩具让孩子们的玩耍变得越来越被动。

那么孩子的玩伴问题又如何呢？从学校回到家的孩子们，接着又去上各种补习班，学珠算、钢琴、游泳、芭蕾，忙得眼花缭乱。即便父母想让孩子们一块儿玩，也是各有各的事，很少有时间能玩到一起。结果，孩子有时间玩时，也没有玩伴，只好待在屋子里。不知不觉间，孩子也变得不爱出去玩了。

同时，不重视孩子玩耍的父母也越来越多。孩子们在沙场玩得不亦乐乎，浑身是土时，有的父母可能蹙眉而斥，“多脏啊!”将孩子拖离沙场。也有的父母乐意让孩子在家里玩：又不会在外面淘气、打架，也不会受伤，多好啊！孩子与伙伴们玩耍的机会越来越少，变得孤立，最后就更难与别的孩子一起玩了。

玩耍的作用

玩耍对孩子的成长非常有益，主要有以下作用。

（1）培养身心健康

现在的孩子，在操场上集合，老师可能才讲几句话，有的就晕倒了，或是一屁股坐在地上，体力已经今非昔比。另外，想要什么东西时，父母就得立刻给买，否则就可能没完没了地哭闹。想踢足球吧，又受不了每日艰苦的训练，只好中途而废。孩子们适应能力也大为下降。

孩子们在玩耍当中，跑、跳、投、踢、抓、伸展、收缩……

做各种各样的动作；玩沙子、水、木片、石块等时，通过搓、揉、拢、摸等动作，集中注意力，活动手和手指。在运动中，孩子的身体变得强壮，也锻炼了忍耐力和规避危险的能力。

玩耍的多样化，有利于培养孩子健全的身心。

（2）培养人际技能

小伙伴们一起玩时，每个人都有自己的主张。只有各自调整自己的要求，互相让步，共同遵守游戏的规则和约定，大家才能玩到一块儿去。有的孩子可能无视规则或约定，互相争执起来。争执、打架虽然并不值得提倡，但有时也是不可避免的。在争执、打架中，切身体会对方的痛，也不得不直面如何收场的问题。小伙伴们一起玩耍，可以学会忍耐，约束自己，不知不觉中也培养了适应能力。

如果一个孩子多次不遵守规则或约定，就可能遭到伙伴们指责，以后也不可能被邀请去一起玩了。正是在与伙伴们的共同玩耍中，孩子们体会到遵守规则的重要性，学会与人相处的方法，培养了人际技能。

（3）培养自主性

在幼儿园的沙场上，孩子们正玩着小木片：有的把它当做火车、有的当做汽车、还有的用作铲子，玩法各种各样。对孩子们来说，什么都可当做工具或玩具来玩，孩子们的玩耍总是那么富有创造性。

在有些学校和社区，人们正开展各种活动，向孩子们传授手工制作工具、玩具的技术，使其得以传承。这样，孩子们既可体会到手工制作的乐趣，又能感受到玩具制成时的喜悦，玩玩具时也更有另一番乐趣呢。

比如手工制作风筝。首先，需要准备竹条、和纸、浆糊、线等材料，剪刀、小刀等工具，以及设计图。其次，必须按设计图切削竹条，在必要的位置标上印记，将竹条用线扎起来做成骨架；然后再把纸张剪成合适大小，在上面画上喜欢的图案，再将它贴到骨架上去；最后等纸张上的浆糊干了，再绑上提线，风筝就做好了。看见自己制作的风筝飞上天空时，孩子们会多有成就感啊。

在制作风筝的过程中，扎绑骨架是基本功也是非常重要的一步，而使用刀子、剪刀等也是基本功。当然，放风筝时还得考虑风的大小和方向、提线的长短，这都需要一定技术。有时候风筝飞不起来，还需要进行修理。正是在父母、老师或其他指导者的帮助下，孩子们学会了制作风筝，并将风筝放上天去。

玩耍在本质上是自由、自发、自主的活动。孩子是因为有趣、开心才玩的。这样说来，孩子的玩耍就不需要大人的指导了吗？有大人指导，孩子们的玩耍会不会变得被动，失去自主性呢？对孩子的玩耍，是不是就可以放任自流呢？从孩子们的玩耍现状来看，作为父母，一方面要充分认识到玩耍的作用；另一方面也需让孩子拥有更多的玩耍机会，帮助提高玩耍的兴趣。通过玩耍，孩子学会独立思考、自主选择，并拥有迎接新挑战的勇气。

从玩耍中掌握了基本技能，孩子的创造力、自主性也会大为提高。

（梶谷健二）

08 家庭暴力

什么是家庭暴力

所谓家庭暴力，一般是指发生在家庭成员之间的暴力行为。但在日本，从20世纪70年代左右开始，一些青春期的孩子在学校或社区里表现正常，但在家里却对父母、祖父母等家人施以暴力，媒体也将此现象予以大肆报道，一度成为社会热点。其后，在日本，家庭暴力就多指孩子对父母或养育者等家人施以暴力的行为。

家庭暴力既包括拳打脚踢等对对方身体施加的暴力，也包括大叫大嚷、辱骂等使用语言的暴力，以及砸碎玻璃窗、摔打物品、损坏家具等行为，大多始发于孩子拒绝上学之时。在日本，家庭暴力的施暴者多为儿子，受害者多为母亲。

对家庭暴力，有必要区分是源于心理性因素还是器质性（脑或神经系统异常）等身体方面的因素，这一点非常重要。

家庭暴力的原因

观察家庭暴力中的人际可以发现，施暴者多是针对自己的家人，尤其是母亲，而对学校的同学、老师以及其他外人则是彬彬有礼。从家庭暴力的对象、场所大多是固定的、具有一定的选择性看来，可以说家庭暴力多是由心理性因素所致。如果一个人不分对象、时间、场所使用暴力，则表明很可能有脑电波异常等器质性障碍。在学校、工作单位等场合并不使用暴力，说明其暴力性倾向还有矫正的可能。因此，对实施家庭暴力的孩子，治疗目标是让其学会使用交流，而不是用暴力的手段来处理人际关系。

从本性上来说，人都是希望对方服从自己、按自己的意愿行事的，当然，同时又希望自己的所作所为得到对方的全面认可和接受。

当对方完全无视自己的言辞，而一味强词夺理地说下去时，无法在语言上取胜的一方就可能使用暴力，以迫使对方屈服，从而达到自己的目的。如果一次得逞，暴力就可能逐渐升级，愈演愈烈。一方是能言善辩的养育者，一方是拙于言辞但体力上却开始占上风的孩子，他们之间的家庭暴力是否也存在这样的情形呢？

家庭暴力的应对

暴力行为如果是器质性原因所致，当然需要先进行治疗，下面主要探讨心理性原因所致的家庭暴力的应对方法。

首先，应反思自己的养育方式是否存在暴力倾向。如果答案是肯定的，那么一定要从今而始，痛改前非：不仅不可再进行体罚，而且也要避免使用语言暴力。

其次，是否常常对孩子进行单方面说教？不妨尝试一下，在孩子开口之前，自己保持沉默；孩子说话时，注意倾听。仅仅做到这点，相信亲子间的交流就会大为改观。

第三，尽量避开可能被施暴的情形。被自己的孩子施暴，父母一定会心怀憎恨吧？而对自己的父母施暴，甚至造成人身伤害时，孩子事后也往往悔之莫及，陷入自我憎恶当中。所以看见孩子情绪失控时，不妨先行避开。

最后，最重要的是做父母的如何坚守。尽管家庭暴力是青春期特有的现象，有随着时间的流逝而缓解的倾向，但深陷其中的父母能看见希望的曙光吗？如果这种地狱般的噩梦一直持续下去，倒不如将那逆子杀掉……有时，冒出这样危险的念头也不足为奇。因此，面对孩子严重的暴力时，做父母的千万不要因为是自己的孩子就委曲求全、万般忍耐，否则后果不堪设想。孩子出现暴力倾向时，可以试着让他与父母分开一段时间，双方保持一定的距离，但仍保持亲子间的沟通。如果双方关系未得到明显改善，过早重新生活在一起，暴力的情形还可能重现。同时，对于孩子提出的要求，可以做到时就尽量满足；如果不能，就明确给出理由，让孩子明白。

当通常的方法难以应对时，请尽早向专业人士咨询。孩子一般不会向第三方施暴，也容易敞开心扉，因此有时也有必要让第三方介入家庭。

没有家庭暴力的家庭并不一定就是完美的家庭。家庭暴力也许是一个信号，是重新构筑民主、和协、友爱家庭关系的一剂苦药。也许，这正是矫治家庭暴力的意义所在吧。

（西田吉男）

09 拒绝出门

什么是拒绝出门

近年来，“宅男宅女”之类的词也流行起来，但其临床表现不一，并无统一、明确的定义。2001 年日本厚生劳动省将“排除因精神疾病等原因而连续 6 个月以上闭锁家中，既未上学也未工作的现象”称为“社会性拒绝出门”，并报告当年的咨询件数为 6151 例，其中 60% 为成人。

以前拒绝出门的人群主要是处于青春期的青少年，但如该项数据显示，成人已明显成为主要人群，事态变得相当严峻。由于缺少相应的咨询机构或救助体系，不少拒绝出门的情形往往长期持续，并伴随家庭暴力，结果无论是本人或是家人都饱受煎熬。

为此，厚生劳动省要求各地的心理保健中心和保健所等予以应对，如为前来咨询的人提供是否需要药物治疗的判断，为家人提供心理支持等，并在应对指南中指出：首先，拒绝出门是指源于个人的情感体验，如遭受挫折、未得到公正评价或未被接纳等而出现的失去自信心或安全感的状态；其次，拒绝出门并非个案，可能发生于任何人；第三，与懒惰、逆反不同，只要应对得当，拒绝出门现象有可能消解。同时，该指南还指出，拒绝出门的本人前来咨询时，不要过分追究原因，也不要过分表示同情，而应理解本人所作的努力，耐心陪伴、守护，为其重返社会提供支援。

如上所述，拒绝出门现象已成为需从国家层面应对的课题之一。那么，拒绝出门现象有什么特点，该如何提供心理支持呢？

拒绝出门的表现

如前所述，以前拒绝出门的现象主要是十几岁、二十几岁的年轻人，几乎都与拒绝上学同时出现。其中一些人是为接受原本的自己、确认自己的存在，避免受他人影响而与人保持距离，即选择拒绝出门。在拒绝出门中体验完整的自己的同时，也可能萌生与他人建立人际的愿望。

对于这种因心理性原因而出现的拒绝出门现象，山中康裕（1978）将其命名为“青春期自我封闭性综合征”，是“化蛹成蝶”的时期。拒绝出门者一般心理不成熟、自尊心又强，对青春期明显的身体变化和性意识的觉醒，难免心生困惑、无所适从。假以时日，他们才能接受自己的性别，切身感受到自己性别角色的特殊魅力。有些以假小子的穿着打扮、行为方式示人的女孩，正是在经历化蛹成蝶的阶段。

在思维方式上，拒绝出门者可能优先考虑他人的感受，总是压抑自己的情绪，且兴趣爱好非常狭窄。虽然看起来有气无力的，似乎完全游离于人际之外，但在谈到自己感兴趣的话题时，他们也能与人分享自己的内心世界，从而在经历心灵的成长之旅后，从自我封闭的世界中“破茧而出”。当然，如果时机不当，如尚未对对方产生信任感，或强迫其谈论自己的兴趣爱好，或企图使用外力将其从自我封闭的世界中拉出来，结果都可能适得其反，使好不容易伸出的“触角”又悄然缩回，最终功亏一篑，无法“化蛹成蝶”了。

他们下意识地感到自己人际能力的欠缺，害怕自己被否定。对于这些自我封闭的孩子，既不强迫侵入他们的世界，也不放任自流，而是耐心守护，那么他们就能从与他人建立的稳定的人际中获得安全感，从而萌生表现自我的自信。不急不躁，耐心守护才有助于孩子的心理成长，否则就可能欲速则不达。

像这样，有些拒绝出门的孩子经过长时间自我封闭，最终“化蛹成蝶”，成长为更具创造性的自我。另一方面，也有些人，尤其是成人，是出于害怕被社会迫害、感到不安，或因自恋性人格而产生的屈辱感或羞耻感，而拒绝出门。无论是对内心世界，还是对外部世界，他们采取的方法都是逃避。对于此种类型的拒绝出门，其应对方法正处于研究之中。

拒绝出门的应对

在拒绝出门的人群中，有的对家人施暴，将家人卷入其中，借以回避自己的问题；也有的曲意迎合，避免与家人产生矛盾或摩擦，以此逃避人际。其中，出现暴力的家庭往往不善于感知拒绝出门者的主观世界或情绪，而拒绝出门者为了摆脱抑郁或无助感，可能攻击自己的家人，以此转嫁自己的责任。对此，家人应守护他们，让他们正视自己的问题，回到现实中来。

而曲意迎合家人的拒绝出门者，则难以从人际中体验各种真实的情感。当家人过于接近时，他们可能因无所适从而愈加龟缩在自己的壳中。对此，治疗者、家人应努力培养拒绝出门者对他人的信任，相信即便产生人际摩擦也会对他不离不弃。

如前所述，拒绝出门者的临床表现和症状不一，应对方法也各异。一般来说，鲜有拒绝出门者本人主动寻求咨询帮助的。当家人寻求帮助时，当然也不必勉强他们同来。通过咨询，家人的不安和紧张得到缓解，就可以充分发挥家庭的作用，帮助拒绝出门者重新回归社会。

即便是通过家人，患者也间接地接触到社会，获得帮助。因此，当孩子出现拒绝出门的情形时，一定要向保健所或儿童中心咨询。

（芝原 桂）

第7章

关于学校的问题

01　学校与心理

学历、能力

日本是一个学历社会。从一流大学毕业进入一流企业，然后顺理成章地过上安稳的生活，谁不是抱着这样的梦想呢？这种“学历信仰”或者说是注重学历的现象给孩子们的学校生活、学习方式、交友等方面都造成了各种影响。特别是为了取得高学历而注重应试学习的风气，不仅使学历成为衡量一个人能力的标准，而且学习成绩的好坏、学历的高低更仿佛直接决定了一个人的人格价值。

现在日本上高中的比例已达到90%，但中途退学的人数也在不断增加，这也可以说是高入学率背后的阴影吧。同时上大学的比例也接近50%，似乎更多的人拥有了光明的前途。1972年上大学的比例突破30%时，社会舆论普遍认为，如果上大学的比例达到40%，大学文凭就会贬值，当时甚至有人调侃“随便扔块石头，砸到的都是大学生”。到2002年，上大学的比例更是上升为48.6%。其实，大学文凭至多不过是幸福生活的一纸“期票”，到时候能否如期“兑现”还不一定呢。

学历并不等于能力。日本在进入经济高速增长期前，只有极少数人可以获得高收入，而其他大多数人都比较贫困。但物质的贫乏并未影响人们心灵的宁静，因为“人人都不容易”，收入的相对平等使人们拥有了心理平衡。其后，随着经济的发展，高学历人口比例上升，社会两极分化的情形得到缓解，收入差距也开始出现细分化的倾向。结果，人们的心灵反而越发变得贫瘠，各种社会问题也凸现出来，这种情形在美国早已出现。看到别人过着比自己稍稍富足的日子，就不免心生羡慕，甚而嫉妒，继而不平不满，甚至走上犯罪的道路。日本青少年犯罪案件的增加、治安的恶化，难道不是在步美国的后尘？

因此，人们也渐渐意识到学历并不是衡量一个人能力的唯一标准。近年来，日本企业也逐渐抛弃年功序列制和终身雇用制，转而开始引入绩效机制。只要有能力，无论年龄大小，都可晋升到管理职位。过去，在日本，人才的培养由企业自身负责，即由老员工培训新员工，是一种“传帮带”的人才培养体系。只要实行年功序列制，工龄长的员工在职位上就不会被后来的员工赶超，谁先进企业谁就是上级。但在实行绩效机制后，在企业的上下级关系，不是以工龄、年龄，而是以能力来决定，因而企业员工之间出现竞争也就不足为奇了，老员工也不会再帮助培养新员工了。

那么，能力到底是什么呢？在美国，就相当于各种资格证书。在大学里一个人取得了什么资格证书，就相当于他有什么能力了，其后的收入也由此决定。美国可以说就是一个资格社会。现在日本也有这种倾向，但在日本资格证书的种类还比较少。从前，在经济高速增长初期，初中毕业生就是“稀缺的人才”，曾大批涌进大城市集体就职，那时候能升上高中的人还不多。尽管现在高学历的人也未必都能成为人才，但人们还是竞相追逐高学历，使学历热愈加升温。不过，不可否认的是，日本已经开始重新认识能力的真正含义，人们的价值观也正在发生变化。

攻击性与确立自我

在“学历等于能力”的时代，似乎只要有学历就一定能过上好的生活。因而出现了所谓的“学校神话”，同时那些进行应试辅导的补习班也深受父母和孩子们青睐。其后随着补习班热的升温，除了一部分升学率高的学校外，“学校神话”已然失去魅力。在“学历等于能力”这种价值观崩溃的现在，学校对孩子们来说究竟意味着什么呢？而课堂秩序的混乱是否也是对这种价值观进行质疑的表现呢？

现在课堂秩序的混乱现象已然蔓延到小学阶段，幸运的是还没出现全校规模的混乱，也许事态还可挽救。以前，“老师说，学生听”是再自然不过的事儿，现在不服从老师管教的孩子日益增多，这也许跟父母们对学校老师的态度不无关系。以前，即便孩子、父母对老师有意见，也大多采取息事宁人的态度，选择忍耐，这大概也是避免矛盾进一步激化的一种智慧吧。简而言之，就是克制自己，以和为贵。现在，孩子们不服老师管教，课堂秩序混乱，是否也有确立自我的意味呢？

现在学校里有攻击性倾向的孩子，就是那些暴躁易怒、爱发脾气的孩子，越来越多。一般来说，个人主义往往具有攻击性的倾向，而个性消极的孩子往往成为被伤害、欺负的对象。有攻击性的孩子在伤害他人时不会感到内疚，甚至意识不到那是在伤害。但对自己受到的伤害却很敏感，他们是否因此而选择先下手呢？现在学校的道德教育仍以“从对方的角度想一想”为出发点，这似乎并没有什么效果。对个性消极的孩子来说，学校实在是一个难以生存的环境。

通过攻击对方确立自我的孩子，随着年龄的增长，终究难以融入社会吧？欧美有尊重个人，同时又尊重社会的传统，两者并重，一个人的自主性方能确立。所谓自主性，就是尊重自己，尊重对方，各自充分实现自我的一种人格特征，欧美将其奉为美德。与之相对，日本传统的价值观是以和为贵，强调克制自己，尊重对方，也就是提倡消极性人格。而攻击性则是只尊重自己，无视对方权利的表现。消极性和攻击性互不相容。现在孩子们表现出来的攻击性，是否有着对传统价值观的反叛呢？是否也意味着确立自主性的可能？而老师教导“从对方的角度想一想”时，是否也有“克制自己，尊重对方”的意味呢？对于那些想确立自我的孩子来说，当然难以认同老师的说教了。

希望攻击性的孩子能最终确立自我，同样，消极性的孩子也需确立自我，这是老师、父母们的共同期待。现在，不只是在小学、初中，甚至在高中都开设有辩论课，学生们分成两组进行辩论，比赛哪一方的意见更有说服力。有的学校还开始开设自我主张训练课程，训练学生们学会如何积极地表现自我。无论如何，这些训练都是旨在帮助孩子们确立自我，领悟学校和学习的意义，以及学会如何与朋友交往。

孩子们的成长也是一个叛逆的过程。同时，通过与朋友们的矛盾、冲突，切身体会和平的可贵。在今后的人生中，也会遭遇悔之莫及的情形吧？而在游戏或玩耍当中，是否已享受过很多“重新洗牌”的乐趣呢？这样的经验无疑有助于孩子在以后的人生征程中直面难以逆转的现实。也许通过攻击这种负面体验，孩子们更能切身感受到确立自我的重要性吧。

（西井克泰）

02 没有朋友

什么是没有朋友

“上了小学，上了小学，交友一堆堆……”

每到新学年开学前的那一段时间，路过幼儿园、托儿所时总能听到这样充满期待的歌声。这首童谣一再传唱，也说明交朋友是孩子们从幼儿期迈向儿童期的一个重要成长课题，是孩子们最关心的事情之一。

到上小学之前，孩子的朋友以在父母陪伴下的公园玩耍的朋友、邻居和父母带来的朋友为主，其中，婴儿在公园的首次亮相甚至一度成为热门话题。孩子自己交朋友则是在上小学以后的事，这也是未掺杂父母意愿或沾他们的光，孩子们自己交的朋友。有时孩子可能把父母不喜欢的朋友带回家，或与伙伴们玩危险的游戏，甚至闹矛盾打起来。搞得父母在一旁提心吊胆，有时还要替孩子去道歉，被拖累得够呛。即便这样，父母们也自我安慰说“总比没有朋友好啊”。可见在父母眼里，孩子没有朋友是多么严重的事。

为什么要说在父母眼里呢？其实，在有些孩子看来，没有朋友也并不是什么负面的事情。他们或许是想在人生的道路上独自前行一段时间，或沉醉在自己的世界里，所以也没有如父母一般把朋友看得那么重要。比起与他人交往，他们更愿意专注于自己关心的事情。这样说来，也许有的父母会担心：那不是自闭吗？会不会被欺负呀？将来会不会拒绝出门呀？能不能真正走向社会？

关于是不是自闭的问题，如果孩子明显的表现只是没有朋友，那就不用担心，只需耐心守护孩子的成长就可。如果是自闭，就肯定有语言或其他行为方面的问题，不会只是没有朋友这么简单。

关于是否会被欺负的问题，一般来说，感到自己被欺负的孩子，也会在意自己没有朋友这件事。如果孩子并不在意没有朋友，那么也就不存在被欺负的问题了。

最后，如果孩子现在正常上学，除了没有朋友外并无其他特别的问题，那么父母当然也无需担心孩子将来是否会拒绝出门了。与其对将来的事忧心忡忡，还不如认真“把握”孩子的现在，与孩子共创美好的明天。

孩子如何交朋友

孩子尽管并不在意没有朋友这件事，但却想交朋友时，该怎么办呢？

一个人在人生的道路上独自前行，或沉醉于自己的世界里，时间久了，也会想与他人分享自己的感受，展示自己的成果，或得到理解，这就是渴望友谊的时候了。但是，长期独处，沉醉于自己世界的孩子，一时之间是难以被同龄孩子接纳的，感到孤独也在所难免。如果在孤独中迷失自己，急于去交朋友，大多会徒劳无功，这也是理所当然的。从没有朋友到交上朋友，简直是180度的大转弯，事情并不那么容易。会跌跌撞撞、原地踏步，甚或烦躁不安。这是自然的事，无需气馁，无需懊悔。交友不顺、失败时，要有重新挑战的勇气。当然，在挑战的背后，是如影随形的恐惧。对方会怎么看自己呢，不会遭人厌恶吧？想主动交谈、邀请……有时朋友又让人心烦，让人不胜其扰，可又给自己带来心灵的慰藉……这就是所谓的人际，是友谊的开始。当然，即便开始时交友顺利，其后也并不都是一帆风顺的。

其次，当孩子开始在意没有朋友时，又该怎么办呢？

有时，孩子可能非常在意没有朋友，急于交上朋友，一时却难以如愿。这时，是不是太在意朋友了呢？因为朋友想做，因为朋友喜欢，所以，一切以朋友的意愿为先，而罔顾自己的需求和意愿。如果总是委曲求全，那么自己的金钱会受损，时间会被浪费，而且最终会失去朋友的信任。这样，自己会受伤，自己的人格也会被看低，结果，不论是自己，还是朋友，心里都不会舒坦。朋友之间应是相互平等的关系，只有精神上相互平等，双方才能成为朋友。一个人情绪低落、丧失自信的时候，是很难交上朋友的。

最后，有的孩子朋友很多，却仍感孤独时，又该怎么办呢？

上小学前，孩子们在歌声中憧憬着“交友一堆堆”。可是，也有极其认真的孩子，怎么可能交那么多朋友？因而不愿去上学，被父母带到笔者这儿来咨询。也有的孩子在周围的人看来朋友很多，可本人却觉得没有朋友。这就是孤独，值得关注了。自己的孤独越是难以被周围的人发现，越是难以被理解，本人就越觉得不堪忍受。

如果寻求相互理解、相互扶持的朋友关系，那么友谊的质量是否比朋友数量的多寡更重要呢？有人理解自己吗？有人愿意倾听自己的诉说吗？年龄大小并没有关系。即使不是人，是猫是狗也行，或是小说或漫画里的主人公，只要能给自己心灵以慰藉，都是朋友。在辽阔空旷的大自然中，在春去秋来的时序变化中，切身感受到自己的存在，这种感受也是“友谊”。只要有朋友，有理解自己、支持自己的人，能感受到自己和这个世界之间的联系，即使有时候感到孤独，也并不会孤单。只要不孤单，就可以在这个世界生存下去。生存下去，就会有新的相遇、相知。

家庭的应对

如果孩子很在意没有朋友这件事，父母也想着帮孩子一把，那么想一想：孩子想交什么样的朋友呢？是谈得来、在一起很开心、趣味相投，还是……总之，是双方合得来更重要吧？至于对方的家庭情况，如家里有什么人、父母的工作、家在哪里等等，则是成为朋友以后的事，在刚交朋友时并不重要。在孩子交友上，父母能做的事有限。不过，看着孩子在交友上遭受的挫折和痛苦，做父母的难免于心不忍，总想着帮一把。如果孩子也愿意，父母可以让孩子带朋友到家里玩，或是开个生日会什么的，为孩子提供一个可以放松、安全的交友场所。即使这样，在如今的时代，孩子们都喜欢和朋友关在自己的房间里玩，做父母的也难有“出场”机会。

父母、兄弟姐妹、爷爷奶奶有朋友吧？家人各自都有朋友，家里不时有朋友进进出出，一起度过快乐时光，这样的家庭就容易接纳他人；家人团圆时其乐融融，各自都能畅所欲言，这样的家庭他人也愿意造访，也容易交上朋友；父母每日都活得开开心心，孩子也过得快快乐乐，这就是交友的捷径。首先让自己开心、欢笑吧！福临笑家门……“福”就是最好的朋友之一。

（西井惠子）

03 学习吃力

什么是学习吃力

孩子在学校的学习吃力，无论对父母还是对孩子来说，都是一件大事儿。

越是责任心强的父母，就越容易担心，“孩子现在学习跟不上，以后该怎么办啊？今后学习内容越来越难，不是更得吃苦了吗？可怜的孩子啊！”做父母的心里着急、焦虑，恨不得助一臂之力。虽说学习并不是一切，但现实世界仍然是学历社会：要是孩子学习好一点儿，考个好点儿的学校，以后进入社会不就可少吃一点儿苦了吗？所以，父母对孩子的学习成绩才这么敏感。

另一方面，孩子对父母的这种心情也非常敏感，时刻感受到来自学习的压力。而且学习是学校生活的中心，而衡量学习效果的考试、分数，对孩子来说，仿佛就是对他本人的评价。孩子一天的大部分时间都在学校度过，在这儿受到过低的评价，或感到挫败，自然会因此而受到心理伤害，性格、行为等也会受到影响。

次生的学习吃力

应对学习吃力，首先要弄明白孩子哪些内容学会了，哪些学起来吃力。当然，这并不容易，因为很多孩子是在学习吃力的挫败中失去自信，以至出现次生的学习吃力现象。因为学习吃力，他们认为自己一无是处，极度丧失自信，结果学会了的也不会了，或根本不能发挥自己的力量，丧失挑战的勇气，甚至产生厌学情绪。在学习吃力的不断打击下，孩子原本有的力量也难以发挥，这就是次生的学习吃力，它也是一种心理状态。要了解孩子原本具备的学习能力，首先必须应对次生的学习吃力现象。

如果孩子无精打采、心情烦躁，或情绪低落，并受到学习吃力的困扰，那就有必要考虑是否是次生的学习吃力，并予以应对了。

只有让孩子从学习吃力的压力中解放出来，避免再次受到痛苦的刺激，孩子才可能从打击中恢复过来。首先，父母、老师应不再强调、关注孩子学不会的地方，使孩子从精神上得到放松。其次，让孩子将现在学不会的功课暂时放到一边，多练习已经学会的，并予以表扬。也可以让孩子帮着做做家务。孩子从中感受到乐趣，看到明显的成果，不是很好吗?

让孩子将没学会的放到一边，重新做已经学会的，这对父母来说，可是需要莫大的勇气和忍耐力的。也许有人会问，这不是走弯路吗?不过这种方法最终可能是捷径呢。没有自信的孩子，怎么有勇气去学习新的功课呢?通过练习已经学会的，孩子获得成就感，重新恢复自信和挑战的勇气。

而且，不论学习内容如何，愉快的体验都是帮助孩子充分发挥自己能力的最好方法。愉悦感和充实感可以激发孩子的活力，让孩子的内心重新变得柔软。孩子在一系列打击、困难中，已经变得身心疲惫，内心也变得僵硬、失去弹性。以这样的心理状态，怎么可能去直面新的挑战、困难呢？正是在愉悦的体验中，孩子僵硬的内心变得柔软，心理能量得到恢复，重新拥有好奇心、求知欲和行动力。心理能量充足、充满活力的孩子，一定能够充分发挥自己的能力，重新挑战新事物和直面困难。至少，在孩子重新富有生气、拥有挑战困难的勇气以前，一定要陪伴孩子度过这个艰难时期。

如果孩子的心理伤害很严重，就可能想做的事也做不了，或完全提不起兴致，而且还可能出现拒绝上学等更严重的问题。这时，首要的是等待孩子的心理康复，直至重新迸发生命的热情。让孩子放松心情、好好休养，其他什么也不要做。心理能量恢复了，自然萌生学习、玩耍的兴趣。

学习吃力的应对

孩子的心理能量恢复、重新拥有活力时，自然会萌生生命的热情，也会有勇气挑战以前学起来困难的功课。即便如此，应对方法的根本仍是一样的：首先练习会做的内容，并予以表扬，然后再尝试稍有难度的。如果不会也不用介意，再回到会做的练习即可。反复练习、尝试。最重要的是营造愉快的学习氛围，耐心守护孩子的成长。作为父母，当然希望孩子能尽快跟上班里的学习进度，心里着急也是可以理解的，但此时绝对不能催促孩子，强迫孩子反复去做有难度的练习。有些孩子只是掌握新知识的速度较慢，假以时日，自然会学会的。也有的孩子只需稍加辅导就能学会。当然，也有些内容孩子可能怎么也理解不了，这时，千万不能“打攻坚战”，让孩子集中学习这些内容，否则只会削弱孩子的积极性，让孩子丧失自信。

实际上，对有的孩子来说，有些学习内容也并不是教了就能学会的，比如，当学习内容与孩子的智力发育程度不相符时。

随着年龄的增长，孩子在学校的学习内容也由具体到抽象，由简单到复杂。孩子并不是从一开始就会抽象思维的，它需要身心和大脑发育的成熟。孩子的大脑在出生时尚未发育成熟，其后手脚开始活动、眼睛看、耳朵听，在各种各样的体验中，大脑得到发育。到十一二岁，即小学毕业时，孩子已基本能同成人一样进行抽象思维了。

六至九岁是孩子从具体思维转向抽象思维的转折时期。而在此之前，孩子很难脱离眼前的具体事物进行抽象思考。在数学课程上，孩子们在四年级才真正开始学习除法和分数，也是出于这个原因。而孩子何时可以跨越这个时期则因人而异，而且发育的速度也并不是如爬坡一般，只要努力就可以加快。它是一个自然的过程，时机到来，自然水到渠成。同样，孩子身心的发育也有早有晚。

学校的学习内容是按孩子们标准的发育水平制定的。如果孩子的发育较晚，或尚未达到抽象思维的水平，那么有些内容则可能无论如何努力、练习也难以学会。如果在此受挫，而新的学习内容又不断压过来，在一连串的打击中，孩子就可能完全丧失自信和学习的积极性。虽说九岁是孩子智力发育中的一个重要分水岭，被称作“九岁壁垒”，但在孩子的成长过程中，也还有其他一些大大小小的分水岭，在哪一个阶段都可能出现类似的情况。对于这样的孩子，只要等上一年半载，耐心守护，总有一天他会学会的。重要的是，不要过度关注现在学不会的地方，要耐心守护。

学习吃力的原因，还可能是智力发育迟缓、学习障碍或注意力缺陷多动障碍（ADHD）等。这就需要根据孩子的实际情况予以应对了，具体可参考本章中相应小节的内容。

（宫本 芳）

04 学习障碍

什么是学习障碍

所谓学习障碍，就是指并非智力发育迟缓，但却在学习能力发展方面存在不均衡的现象，比如出现阅读困难，或语文学得不错，可数学却学得很吃力，或学习成绩不错，但却难以理解游戏规则，不能和大家一起玩等。因为学习障碍，孩子可能学习成绩不理想，或在学校生活中难以如鱼得水。当孩子出现这样的情形，并被确诊为学习障碍时，就可针对其特殊需求，在学校教育中予以应对。日本自 1990 年开始，学校教育开始在这方面做出努力。

1999 年 7 月，日本文部省（现文部科学省）在《关于对学习障碍儿童的指导》文件中对学习障碍给出了如下定义和说明。

“所谓学习障碍，就是指并不存在全面的智力发育迟缓现象，但在听、说、读、写、计算或推理能力等某些方面，存在明显的学习、掌握或应用困难的现象。学习障碍可能是由中枢神经系统出现的某种功能障碍引起的，但并非由视力障碍、听力障碍、智力障碍、情绪障碍或环境因素等直接原因所致。”

一般来说，有学习障碍的孩子，其智商在平均或平均水平之上，因而其学习障碍与智力发育迟缓孩子的学习困难有本质区别。有学习障碍的孩子虽然并不存在全面的智力发育迟缓现象，但在基本的学习能力，包括听、说、读、写、计算和推理中，存在一项或多项能力明显低下的现象，这也是学习障碍的最大特点。比如，能够理解声音语言，却无法阅读和理解在黑板或教科书上书写的文字，或者与其他学科相比，数学学起来尤其吃力。有的孩子说话没有任何问题，也有幽默感，但读书写字却非常困难，手也不灵巧，在能力上存在明显的不均衡。

关于学习障碍的原因，医学上尚没有明确的定论。据报道，在对有学习障碍的儿童进行的脑电波、CT、生化等神经学检查中，有70%的孩子并未发现异常。从学习障碍的各种症状来看，只能推测可能是中枢神经系统存在某种功能障碍，即大脑未能正常发挥作用。也就是说，大脑在对通过各种感觉器官传来的信息进行接收、整理、统合和输出的过程中，可能在哪个环节未能正常发挥作用，因此在听、说、读、写、计算、推理等基本学习能力的掌握和应用上出现困难。另外，有学习障碍的孩子还可能出现次生的学习障碍、自我控制力弱、人际交往困难，以及运动困难等。

应对学习障碍时，还必须明白，学习障碍与由视力障碍、听力障碍、智力障碍、情绪障碍，以及环境因素等直接原因造成的学习困难有着本质的区别。虽然同样是学习上的问题，但对因智力障碍造成的学习困难，或仅仅是学习吃力，其应对方法是不同的。

学习障碍的识别

有学习障碍的孩子在学习上的困难程度往往较轻或偏重现象并不明显，与正常的发育状况差别不大，而且同时存在发育正常和不正常的部分，因而很难被发现。

尽早识别学习障碍，有利于帮助孩子应对因其而生的学习、理解困难和相关的诸多困扰。盲目乐观、放任自流则可能贻误孩子接受相应教育的时机，也不利于孩子的成长和未来。及早发现学习障碍，才能制定相应的教育计划，对孩子的学习予以相应的指导和帮助。

学习障碍往往发现于孩子上学之后，因为在基本的学习能力方面出现困难。在此，可观察孩子是否存在以下情况，以期尽早发现，及时应对：①语言发育延迟或不均衡。说话晚、词汇量不见增加，或难以将词语连成句子、语法错误多等。②躁动不安。不能好好地待着，不知道下一步该干什么；注意力不集中，容易分心，不能专注地干某事；话多，却没有条理。③手不灵巧，不擅于运动。不善于精细动作，如扣纽扣解纽扣、使用剪刀、给绳子打结等，也不擅长球类等全身运动。④感觉上有偏重现象。害怕大的声响，或喜欢以某种方式看或触摸某种东西。⑤不能和大家一起玩。不能理解游戏规则，难以理解、感知他人的感受或环境状况，判断能力差。

当孩子明显出现以上一种或数种情形时，就可能存在发育迟缓或不均衡的状况。当然，也不能就此判断就是学习障碍。对学习障碍的判断，还需由专业人士进行。他们需要观察孩子的行为，了解成长发育状况，进行各种学习、智力以及心理的检查，并对各种结果进行综合分析和判断。如果怀疑孩子有学习障碍，最好向各地的特殊教育中心咨询，他们都配有相关的专业团队。

学习障碍的应对

有学习障碍的孩子可能难以理解普通班级的学习内容。学校应理解孩子的特殊情况，予以相应的指导。大多数有学习障碍的孩子上的都是普通班，班主任应与各科老师配合，在课堂教学中予以适当照顾。

除课堂教学外，必要时也可进行单独的课外辅导。如果孩子有抵触心理，也可以让其他孩子共同参加。同时有语言障碍或情绪障碍的孩子，也可以参加为轻度障碍儿童设置的特殊课程。

家庭的应对，首要的是建立良好的亲子关系。不论是否有学习障碍，对孩子来说，家庭都是孩子身心放松的港湾、力量的源泉，父母是孩子绝对的保护伞。应坚持从孩子的角度出发构筑亲子关系。有学习障碍的孩子，可能经常遭到批评和警告。如果亲子关系良好、稳固，孩子就容易在家庭中恢复活力和自信。

家庭也是培养孩子社会适应能力的重要场所。所谓社会适应能力，就是在社会生活中能够理解、遵守社会基本规则的能力。比如，禁止的事不做、听从劝阻、接受指示、能够等待、遵守秩序、做事有始有终、待人有礼貌等。拥有基本的社会技能，将来适应社会，克服学习上的困难，与人交往，都会容易得多。发现孩子有学习障碍时，从孩子小时开始，就一定要制订计划，确立目标，坚持培养，相信孩子一定能够拥有更好的未来。

其次，注意培养孩子的生活能力。写字、计算等学习能力固然重要，但如何将所学的知识、能力运用到实际生活中的这种能力，即生活能力也非常重要。一个人要在社会中自立、生存下去，需要拥有何种能力、技能，在日常生活中又该如何培养，这都是应该存之于心、时时思考的问题。着眼于孩子的未来，制定长远的计划吧。

最后，有学习障碍的孩子往往不太会交朋友，父母应注意从孩子小时候开始就努力营造交友环境。孩子在小学低年级时，学校和家庭还能帮上忙，交友问题还不那么突出，但进入高年级后就容易出现被孤立的倾向。或在那时才开始主动交朋友，则往往难以如愿。因此，在孩子小时候，就应注意与其他家庭交往，让孩子们自然成为朋友。父母应主动交往一些真诚、坦率，可以轻松相处的朋友。另外，社会上还有一些由有学习障碍的孩子、父母组成的协会，也可以参加。在那里，父母们可以坦率地交流自己孩子的信息，传授各自的经验教训，共同相携前行。

（酒林朱夏）

05 拒绝上学

什么是拒绝上学

拒绝上学曾被称作学校恐惧症、厌学等，因时期而各有不同。

拒绝上学的发生、发展过程大致相同。五月份长假后、暑假后，或是首次郊游、考试的翌日，孩子可能诉说累了、腹痛、感冒、腹泻，或是发热什么的，不愿去上学。有时也确实有身体症状，但都很轻微，也不愿去看医生，只说在家里休息一天即可。在学校上课的时间里躺在床上休息，临到放学时则有精神了，晚上又给朋友们打电话，询问该做的作业和第二天要带的东西，收拾好后上床睡觉，当晚也睡得很好。可是第二天该上学时，同样的症状又出现了。这样的情形持续两三天后，父母开始怀疑，孩子也渐渐变得抗拒和逆反。有的孩子也试着去上学，可走到家门口，还是怎么也迈不出一步，直至蹲在那儿起不来。班主任和父母越是劝孩子去上学，孩子就越发变得抗拒，最后可能逃回自己房间躲起来。如果父母、老师、亲戚或相关人士强迫孩子去上学，症状则可能进一步恶化，孩子甚至可能使用暴力进行反抗，发展成家庭暴力。在日本，1960 年左右拒绝上学的情形开始大量出现，其后则是年年增加，到 2000 年左右，人数已达到 10 至 15 万，已然成为一大社会问题。

拒绝上学的原因

拒绝上学的原因是什么，为什么人数会如此增加？考察其变迁过程，根本性原因自然浮出水面。在拒绝上学现象出现之初，拒绝上学的孩子大多是男生，而且平时学习优秀、感情细腻。渐渐地，女生也开始增多，也同样是平时学习优秀、感情细腻的孩子。这时正是女性开始大量就业的时期。后来，几乎所有的孩子都能上高中，父母、社会也视高中学历为理所当然。正是从这一时期开始，拒绝上学的孩子开始急剧增加，也不再有性别、成绩的差异。

最初拒绝上学被称为学校恐惧症，被视为一种心理障碍。与人际恐惧症、女性恐惧症相似，是一种以学校为对象的恐惧症。

在“阿信”的时代，想上学的孩子上不了学，哪有拒绝上学的机会呢。除非是优秀的男孩子，不然父母或社会也不会要求他去上学。在女孩子不需要上学的时代，自然不会有女孩子拒绝上学的情形。只有在所有的孩子都被要求学历、成绩和上学时，拒绝上学的情形才急剧恶化。

随着社会上升学热、学历热的不断升温，拒绝上学也呈上升趋势。但在没有学校的年代，当然不存在拒绝上学的情形。不过自人类诞生以来，教育也是随之而行的。在成长过程中，孩子需要学会如何生存下去，如何养育后代。除此之外的教育，对孩子来说就可能是负担，也没有必要。如果将教育强加于人，人们就可能受到心理伤害，越是敏感的人受伤害的程度愈甚。学历社会只重视学习成绩，而忽视一个人将来在社会上安身立命所需的社会技能、自立性的培养，结果，学校教育成了应试教育，拒绝上学的现象也就必然出现了。

拒绝上学问题关系到日本的教育乃至未来，也反映出日本文化和时代的要求。作为父母、老师，都应积极应对。

拒绝上学的应对

与拒绝上学的孩子接触时就可发现，他们在某些方面还很幼稚，有时也给人小大人般的感觉，同时又有点儿神经质、具有敏锐的感受性。拒绝上学的低年级孩子，一般人际、社会适应能力较差，其内在原因则是因离开家庭、父母外出而出现的分离不安。这时，父母或老师可以在生活上进行指导，孩子拥有一定的人际能力后，拒绝上学的情形自可缓解。

另一方面，如果拒绝上学是因心理发育不成熟，以及随之而生的不安或恐惧感所致，则不宜使用此方法。强迫孩子上学更会加剧不安和恐惧感，形成恶性循环。

强迫让有分离不安的孩子离开父母或家庭，并不能缓解孩子的分离不安；同样，将人际技能不足的孩子一下子投入人际压力大的集体生活中去，也无益于培养孩子的人际能力。相反，它还会使孩子失去挑战的勇气和力量，妨碍孩子培养社会性。情形严重时，甚至可能陷入拒绝出门的境地。这样的孩子就如同娇弱的花草，不能直接暴露于风霜之下。应帮助他们获得足够的人际能力和心理能量，以应对进入集体生活中的人际压力。

近来，在日本，一些学校专门设立了以拒绝上学的孩子为对象的班级，也可以说是为了收留那些一到学校就躲进保健室而不到教室上课的孩子。这是一种过渡措施，旨在帮助孩子逐渐适应集体生活。如果孩子连这样的班级都不愿去上，就确实需要进行心理治疗了。那么，孩子是否愿意走出家门接受心理治疗呢？

孩子为什么难以适应集体生活呢？只有亲子关系稳固，有安全感，孩子才能离开父母。观察孩子刚开始离开父母身边、自己玩耍时的情形就可发现，他一定要求父母在一旁看着。一旦自己感到不安了，就可立即回到父母身边。只有这样，他才能安心玩耍。渐渐地，父母在一旁的安心感转化为内心中的安全感。即便父母没在一旁，可内心中父母的形象及其带来的安全感，也给了孩子独自行动的勇气。在幼儿时期，正是这种安全感决定了孩子可以离开父母独自玩耍的时间和距离。

有些孩子可能不去上学，反而在家里缠着父母撒娇，出现退行现象。有的孩子甚至要求妈妈专门安排一些日子照顾自己一人，或是要求父母陪着玩，跟父母同睡。只有感受到被爱、被父母珍视的孩子，才能安心离开家，走向外面的世界。这就像航空母舰上的战斗机，只有确信归来时可以停靠，才能起飞。因此，父母应尽量满足孩子的心理需求，让孩子拥有足够的安全感，可以离开父母走向外面的世界。

养育孩子应从孩子的角度出发，同时也需要有奉献精神和保持足够的心理能量。父母可以独自做到当然好，但当孩子出现问题时，则可能陷入不安，需要向专业人士咨询了。

拒绝上学是心理的问题，针对父母进行的一般性指导往往并不见效，因此也有必要进行以父母为对象的心理辅导。但拒绝上学的是孩子，而不是父母本人，所以对父母的心理辅导就需在方法上有所变通。为此，笔者开发出“妈妈笔记法”，要求妈妈们将与孩子的对话记录下来，通过分析和反省，转变为孩子主导型的养育方式。

亲子间的对话分为两种类型：一种是父母主导型，另一种是孩子主导型。孩子主导型的对话，孩子握有对话的主导权，父母则进行倾听、理解和接纳。观察亲子间的对话可以发现，父母主导型可是占绝大多数。当孩子身心健康时，这样的对话也不至造成什么太严重的后果；可当孩子出现心理问题时，就可能使情形进一步恶化，不利于问题的解决。

采用妈妈笔记法后，亲子间的对话一般都会转为孩子主导型，亲子关系也会迅速改善。因为父母只有首先理解孩子，孩子主导型的对话才能继续下去。如果正为孩子的拒绝上学而烦恼，不妨试一试上述方法。

（东山纮久）

06 引人注目

什么是引人注目

在集体生活中，总有一些孩子非常引人注目。比如，有的孩子天生具有领导气质，受到同伴们的拥戴；有的孩子擅长运动、会唱歌，显示出特殊的才能。这些孩子通过发挥自己的才能，得到大家的认可，他们的引人注目是值得肯定的。

另一方面，也有一些孩子的引人注目是否定意义上的。比如，故意炫耀自己的知识或技能，讲起话来滔滔不绝，动作夸张、做作，平时的衣物与众不同，说谎或行动出格。他们的所作所为仿佛就是为了引起他人注意。如果这些表现进一步升级，就可能变得与他人格格不入，朋友关系也受到影响。

虽说引人注目并不都是坏事，但如果一个人的言行太过出格，受到大家侧目，则需引起注意了。

引人注目的原因及应对

一个人无论是谁，都或多或少希望有人知道自己的存在，认可自己；也都以自己的能力、地位和财物为傲，希望向人展示。如果这种心情特别强烈，言行自然就会变得引人注目。

总是希望引人注目的人，原本就具有爱表现、举止夸张、易受暗示、依赖性强的性格倾向。如果在成长过程中更因为引人注目的言行而常受称赞的话，这种性格倾向会变得更加明显。

不过，以出格言行引人注目的孩子，其内心深处一般都缺乏安全感，总觉得自己没被接纳，因而常常感到不安。为缓解这种不安，他们需要得到他人的注意。只有在他人的注目中，他们才能感觉到自己的存在，因而常常做出出格的言行来。

对引人注目的孩子，首先要让他们拥有安全感。不要过度关注他们出格的言行，而是注意发现其优点、长处。当孩子得到认可，就会接受自己，自信也随之而生。感觉到自己被理解、接纳，拥有了安全感，也就没有必要再引人注目了，出格的言行自然会消失。

但如果未能充分理解孩子，为孩子表面的言行所惑，就可能难以发现孩子的优点、长处。所以，一定要建立良好的亲子关系，充分理解孩子。

（中道泰子）

07 内　向

什么是内向

在幼儿园或学校里，不能主动去和大家一起玩；好像没有自信，总是诚惶诚恐的样子；很少表达自己的观点和想法；不愿离开妈妈……这是内向孩子的典型特征。内向的孩子一般不善于向周围的大人或朋友表达自己的意思，玩耍时也很少和一帮朋友打打闹闹，而是愿意独自一个人玩，或是看书，或是仔细观察自己感兴趣的昆虫、花草等。在父母看来，孩子总是自己一个人玩行吗？是不是该训练孩子如何表达自己了？不能只局限于自己感兴趣的事，视野应该更开阔点儿吧？出现诸如此类的担忧也在所难免，那么，对内向的孩子，该如何应对呢？

内向的应对

内向可以说是孩子与生俱来的性格特点。正如有的孩子生性活泼，喜欢和朋友们一起打打闹闹；也有的孩子性格沉静、温顺，喜欢一个人玩。性格就如同孩子们的脸型一般，各有不同，当然也说不上什么好坏。因此，即便性格内向，也没有必要像对待疾病一样，必须予以纠正或治疗。如果强行纠正，则可能使孩子的内心受到伤害，效果适得其反。何不将内向视为孩子的一个性格特点并予以接受，耐心守护孩子的成长呢？不要过度关注、担心才是上策。

其次，再回想一下孩子平时的表现。是不是总是显得很内向、没有自信？在家里也是这样吗？与家人在一起的时候呢？或者在做自己擅长的事、喜欢的事的时候呢？是不是表情特别生动、显出兴趣盎然的样子？当孩子感受到成功的喜悦、拥有成就感时，要及时表扬，表示欣赏和赞美，如“真了不起啊！”“知道得真多啊！”“你真行！”当孩子跟自己聊天时，要表现出兴趣，鼓励孩子说下去，做好听众的角色。与其强求孩子去结识新朋友，还不如让孩子在亲近的人面前，自信地表达自己，感受到自己被接纳。这种体验对内向的孩子来说尤其重要。

从以上内容可以看出，说一个孩子性格内向或外向，并不是说这个孩子什么时候的表现都是内向或外向的，绝对没有那样的事。一个人的性格并不只有一面，而是多方面交织而成的，更不用说正处于成长期的孩子。因此，一定不要过早下结论，作出“这孩子就是这个性格”之类的判断。

另一方面，也有一些原本活泼的孩子，在弟弟或妹妹出生后突然变得内向，总是缠着妈妈。挺起小胸脯、满心骄傲自己当哥哥或是姐姐了，却不防一下出现退行行为，如开始夜尿、咬指甲，或说幼儿语等。新生儿出生后，家里人很容易过多关注新生儿，而忽略了较大孩子的感受，所以小哥哥、小姐姐们变得不安也是正常的。这时，不要一味斥责孩子，让孩子有哥哥、姐姐的样儿，而应理解孩子的感受，细心抚慰他。忙不过来时，可以争取孩子的父亲或其他家人的帮助。

还有，遭遇或目睹地震、火灾、重大事故、事件，有时仅仅是从电视画面上看到，有的孩子也可能变得不安，一时表现出内向的样子。这种情形被称为创伤后应激障碍（PTSD），是因遭遇或目睹巨大伤害，心灵受到巨大震撼而出现的正常反应。幼小的孩子出现这种情形时，则可能表现出不愿离开妈妈、夜尿、咬指甲等退行行为。这时，千万不可一味训斥孩子，强迫孩子改正，而应耐心守候，陪伴孩子，相信假以时日，孩子一定会得到恢复的。当然，如果孩子的症状特别严重，则最好去向专业人士咨询。

（盐江真理）

08 欺　　负

什么是欺负

欺负也是电视、报刊上的一个热点话题。欺负可不能简单地视为孩子间的小打小闹，放任不管，因为有些被欺负、备受煎熬的孩子甚至因此而走上了绝路。欺负是事关生死的大问题，必须予以应对。

但欺负问题相当复杂，没有标准的应对指南。有时候需要尽早应对，有时候又需在了解情况的基础上耐心守护。有时候在这儿管用的方法，在别的情形却不适用，甚至适得其反。对欺负，必须要有柔软的内心，灵活应对。

被欺负的应对

有一位长期在中学从事学生辅导工作的老师曾这样说道，“对欺负，如果被欺负的孩子主动告诉老师或父母，事情就已经解决一半。”可见，被欺负的孩子要告诉父母、老师，寻求帮助，是多么困难，需要多大的勇气啊！有的孩子担心，告诉大人的事，会不会被直接传到欺负自己的孩子耳朵里，欺负会不会进一步升级？也有的遭到恐吓，不许告诉大人。也有被欺负的孩子，深以自己被欺负为耻，或者害怕让父母或老师担心，或者认为只要自己坚强忍一忍就挺过去了。孩子保持沉默的原因各种各样。而得悉自己孩子被欺负的父母，无不为孩子的忍耐和遭受的煎熬而痛心疾首。

当孩子告知被欺负时，不要一下慌了手脚，而应静下心来认真地倾听孩子的诉说。仔细听下去，也许事情的解决办法就自然出来了。有些父母一听到自己的孩子被欺负了，在强烈的震撼中，可能会怀疑是不是自己的养育方式不当，从而自责不已。其实，做父母的，应为孩子能说出真相感到庆幸，要支持孩子，鼓励他说下去。然后，再考虑具体的应对措施。如果欺负行为发生在幼儿园或学校，可以跟老师联系，共同应对。

另外，如果发现孩子的物品，包括服装、学习用具等总是丢失或被弄脏弄坏，在家里也不愿意说学校的事，或者说话方式、态度突然变得粗暴，不论有无欺负现象，都应多予以留心。可以和孩子一起玩耍，陪他做喜欢的事，在轻松、愉快的氛围中，孩子也许就愿意开口了。

欺负的应对

反过来，也有的家长可能会被告知，自己的孩子欺负人了。一般是学校老师打来电话，或者是被欺负孩子的父母直接找上门来。这时候，绝对不能着急发慌，一定要保持冷静，听对方把话讲完。然后，再听听自己的孩子怎么说。听说自己的孩子去欺负人，受到震惊、震撼而难以自持的父母也一定不少吧？当然，也没必要过分自责，同样，也不能一味责备孩子，否则，事情可能反而愈加恶化。

重要的是要找到原因，弄清楚自己的孩子为什么要去欺负他人？从某种意义上来说，欺负他人的孩子自身也有深刻的困扰，也处于“穷途末路”中。当然，这并不是说，欺负也是情有可原，是可以容忍的事；同样，这也不是在为欺负他人的孩子辩护。无论是他人的身体，还是内心，都是不容伤害、侵犯的，欺负是严格禁止的。作为父母，一定要严厉告诫、教育孩子，遵守这个基本的行为规范。但同时，做父母的也应静下心来，倾听自己孩子的诉说，弄明白他为什么要去欺负别人，然后予以应对。

如前所述，应对欺负或被欺负，其基本方法就是倾听。对如何建立理想的亲子关系，从来没有什么指南。可在共同面对欺负的过程中，亲子间的关系会加深，也会彼此感受到另一个生命对于自己的重大意义。也可以说，欺负是孩子们向成人世界提出的一个课题：爸爸、妈妈、老师，您们是怎么想的？请听听我们的诉说吧！

总之，应对欺负，也同时是重新审视亲子关系，重新确认、建立新型亲子关系的一个过程。

（盐江真理）

09 难以参加集体活动

什么是集体活动

孩子出生后，随着年龄的增长，开始上幼儿园、小学……与同龄孩子一起进行的集体活动也渐渐增多。与在家里时不同，集体活动有其各自的活动规则。

所谓集体活动，简而言之，就是在一位或数位大人的指导下，孩子们所采取的共同行动。难以参加集体活动的孩子，要么难以与其他孩子共同行动，要么不听从指导者的指挥。

近年来，课堂秩序混乱的话题不时见诸报端，这也反映出不能参加集体活动的孩子愈见增多的事实。究其原因，可以说与少子化不无关联。家庭是孩子接触到的最初的集体，现在家庭中孩子数量减少，孩子们少有机会在哥哥姐姐们的带领下共同玩耍，而邻里间一大群孩子在一位孩子头的带领下疯玩的场景则更是罕见。孩子们学习集体活动规则的机会自然减少。不过，幸运的是，在社区公园里，还不时看到幼小的孩子在各自妈妈陪伴下共同玩耍的情景，这也许有助于孩子们学习集体活动规则吧。

难以参加集体活动的表现

难以参加集体活动的孩子有什么表现呢？比如，有的孩子一进入集体当中，就身体发僵、不能动弹；即便是自由活动，也仿佛被吓傻了似的，呆若木鸡；或者完全不知道自己该做什么，只是傻傻地看着周围的一切。等到开始上课了，其他孩子都拿出了教科书、笔记本，他还是一副事不关己的样子，径自掏出自己感兴趣的东西来玩；或者站起来在教室里到处乱转，这儿摸这个孩子一把，那儿推那个孩子一下，扰乱课堂秩序。如果老师批评，他则可能哭起来，或者发怒，甚至跑出教室。有些集体活动孩子也能参加，可到该结束时却停不下来，无法转向下一项活动。

尽管难以参加集体活动的孩子表现不一，但都有一个共同点：那就是在集体当中，难以与其他孩子或指导的大人进行有效的交流。

难以参加集体活动的应对

首先，可以考虑的是，孩子刚刚进入一个集体，是否还难以理解状况或活动的流程呢？如果孩子变得非常紧张，那就更难以跟上其他孩子的步调了。也有的孩子可能显得任性、调皮，总是自由行动，其实，这也大多与心理紧张有关。渐渐地，孩子熟悉了周围环境，不再感到紧张，自然就可听从老师指挥，与其他孩子一起活动了。在这个过渡期，父母一定要花时间陪伴孩子，与他一起玩耍，帮助缓解压力。与家人一起共度快乐时光，可有效缓解因适应陌生环境而生的心理疲劳。如果在外面承受了巨大压力，回到家来又挨骂，那孩子就没有了心灵的避风港，压力只会越来越大，形成恶性循环。

如果进入新的环境后，时间也相当长了，却总是难以参加集体活动，总是自己做自己的，那就应该考虑其他因素了：孩子是否存在智力发育迟缓的问题？在集体中无所适从时，孩子是很难用语言明确表达出来的。也许孩子在日常生活中的表达、生活自理方面并没有问题，但在集体生活中却难以理解老师的指示。在家里，吃饭、穿衣、睡觉这些事每天都重复，每个家庭也都有一定的程序，而且有父母可以模仿，对大多数孩子来说，生活自理并不是件难事，但在幼儿园、学校中的集体活动又大不相同了。对智力发育迟缓，心理咨询可以起到较好效果。即便智力发育迟缓没有什么变化，但也有利于培养人际能力，改善与他人的交流，从而积极参加集体活动，极端的行为也会随之减少。

另外，参加集体活动时，不但需要具备与他人同样的能力和技能，还需要应对人际的压力，以及学习如何在集体中共同行动。这无论是在学校的班级活动，还是在孩子们自由组合的玩伴中都是如此。有些难以和同龄人一起玩的孩子，却乐于与更小的孩子一起玩。他们正是选择了与自己发育程度相当的集体，可以视作参加集体活动的练习。等孩子的能力得到提高，渐渐地，他就会参加同龄孩子的集体活动了。

以上是针对幼儿、小学生难以参加集体活动的情形，下面考察一下青春期的孩子。孩子进入青春期后，与身体、智力发育不同，心理发育程度的差异更大。有些以前在集体活动中如鱼得水的孩子，进入青春期后却难以融入集体了，原因可能就是他心理发育程度尚落后于同龄孩子。其次，青春期孩子对集体的要求也可能发生变化。比如，在小学时是孩子头的女孩子，进入青春期后却可能不再受到同伴们拥戴。为了获得集体归属感，这样的孩子甚至会参加不良少男少女们组成的群体。最后，进入青春期后的孩子，身体出现剧烈变化，也开始对异性产生强烈兴趣。当孩子难以应对这一切时，就可能出现人际恐惧，从而难以融入集体，参加集体活动了。

（酒林康雄）

10 多动、冲动

什么是多动、冲动

与大人相比，孩子确实比较好动，注意力难以集中。一两岁的孩子，对周围的任何事物都感到好奇，总是去追逐它们。对这样的孩子，没有人称他们为多动吧？孩子四处活动，睁大眼睛观察周围的一切，耳朵听着各种声音。有时抓起东西放进嘴里，有时受惊害怕了，赶快跑回妈妈身边，然后一只手牵着妈妈的衣襟走上前去，另一只手还是小心翼翼地去摸。对孩子来说，妈妈就是安全基地，是孩子心里的依靠。除非真正有危险，否则还是让孩子放心大胆地玩耍、探索吧，妈妈只需耐心地守护在一旁。在玩耍中，孩子可能发现这个东西闻起来很香，可却很硬，不能吃；这个东西摇晃起来，发出的声音很好听；这个东西太烫，摸不得等等。正是在探索、玩耍中，孩子认识了世界，扩大了自己的活动范围，也学会了控制自己的冲动。

当然，孩子的探索、玩耍，环境必须是安全的，而且要有父母的守护。当孩子置身于危险的环境中时，为了保护自己，可能会对周围的人或物采取过度的攻击行为，或变得非常内向。如果父母对孩子的玩耍、探索放任不管，危险的时候也不加以阻止，那么孩子可能学不会控制自己的冲动。反之，如果父母过分干涉，没有什么危险也要横加制止，则孩子可能变得非常逆反，完全听不进父母的劝阻，或者变得只会听从父母的指挥，不会自己行动。

也有一些孩子，与同龄孩子相比，注意力容易分散，活动过度，或不会忍耐，听不进劝阻，这样的孩子一般被认为有多动、冲动倾向。它也分为不同类型，有环境或发育方面的原因，但都有一个共同点，那就是未充分进行与年龄相应的探索行动。孩子并不是越听话越好，对有多动、冲动倾向的孩子，应对的最终目标是将他们的过度活动转化为有意义的探索行动。

冲动、多动的类型及应对

冲动、多动的类型及应对方法如下。

（1）性格型

如果孩子除了静不下来、注意力容易分散外，其他并没有什么大问题，而且不能安静、冲动的程度也并不那么严重，在人际方面也没什么问题，那么孩子的多动、冲动就可视作性格特点之一，无需过度担心。

当然，这样的孩子也无需特别应对。父母、老师接受、尊重孩子的个性，让孩子在宽松的氛围中多玩耍、探索，孩子的好奇心得到满足，以后随着身心的成长，自然能够安静下来。

（2）环境因素型

生活作息不规律，或置身于喧闹、忙乱的环境中，情绪变得不稳定；或长期受情绪不安、紧张的困扰，或亲子关系淡薄，以至于未能充分进行探索行动。

可根据家庭、周围的情况尽量改善环境，具体来说，就是调整生活作息时间，尽量做到有规律；增加与孩子相处的时间，不要一味训斥孩子，要多表扬，要坚持下去。当然，如果孩子的反抗、攻击非常激烈，则需向专业人士咨询。

（3）智力发育迟缓型

与年龄相比，智力发育迟缓，因而出现与年龄不相应的注意力不集中、多动的现象。如果被迫与同龄孩子一起学习、活动，多动的倾向则可能加重。

如果不了解孩子智力发育迟缓的程度和事实，就可能对孩子期望过高，勉强孩子做一些困难的事情。结果孩子可能变得更加紧张，愈加静不下来。如果怀疑孩子有这种倾向，最好到专门机构进行详细检查，确认是否存在智力发育迟缓，然后再根据孩子的智力发育情况，在学校和家庭中予以充分应对。

（4）自闭倾向型

有些孩子难以与他人建立人际联系，出现包括语言表达在内的交流障碍，或者老把手掌翻来翻去，或不停地在地上跳来跳去，出现模式化行为，这样的孩子就可能有自闭倾向。由于人际意识淡薄，他们往往难以回应他人的劝说或劝阻；另一方面，他们又感觉敏锐，对环境的变化极其敏感，因而也容易出现兴奋或恐慌的情形。

有自闭倾向的孩子，不善于与人交往，语言沟通困难，对环境变化敏感，也因难以预测未来而容易心生不安。父母、老师可在理解孩子特点的基础上，应用图画等辅助语言交流，或预先告知孩子可能发生的变化，渐渐地孩子就可能适应新的环境或人际，多动、冲动的情形也可缓解。

（5）注意力缺陷多动障碍型（ADHD）

也有一些孩子不属于以上任何类型，总是一副坐立不安的样子，注意力难以集中，非常容易冲动，就好像容易发动、却难以刹车的汽车，这些孩子明显地表现出以下特点：①注意力容易分散，粗心大意老出错、丢三落四、不能听讲或按顺序做事；②多动，课堂上坐不住、手脚总是动个不停、喋喋不休地说话；③冲动，问题没问完就抢着回答、不能耐心等候、别人说话经常插嘴、去抢别人的玩具或捣乱等。究其原因，一般认为是与生俱来的气质、体质或大脑的轻度功能障碍引起的。

可根据孩子的实际情况，适当调整生活作息、人际环境，并进行相应的训练。如果效果不明显，或多动、冲动的症状已严重影响孩子的生活或学习，可适当进行药物治疗，具体可参照ADHD一节的内容。

如前所述，孩子的探索行动，不仅需要有安全的环境，还需要有父母的守护。孩子与父母之间的亲情纽带稳固时，孩子可能自己在远处玩，却不时扭过头来察看父母的动静，或一会儿又跑过来告诉自己的所见所闻。这也可以说孩子正在补幼小时的课，仍然在进行探索行动呢。孩子看向自己时，给他一个鼓励的眼神；在自己身边喋喋不休地讲述一些小事时，也静下心来倾听。

陪伴多动、冲动的孩子非常耗费精力，但随着孩子的成长，尤其是进入小学高年级以后，症状会大大减轻。在此之前，一定要让孩子在家人、老师的守护下健康成长，获得安全感和安心感，感受到爱，从而提高自我评价。

（森下真祈子）

11　注意力不集中

什么是注意力不集中

有的孩子总是一会儿玩这个，一会儿玩那个，变个不停，或者上课时要么发呆走神，要么双腿不住地晃来晃去，或者刚做一会儿作业就玩起手来或开始打瞌睡，做什么事情都不能持续，这样的孩子一般被认为是注意力不集中。

说到注意力，其实也有各种各样的情形。有的孩子玩的项目看起来不断在变，但最终选定的可能还是最初玩的；上课时可能双腿不住地晃动，也似乎完全没听讲，但实际上却可能在认真地听。如果这时提醒孩子坐好，孩子则可能顶嘴，或故意打闹，开始真的不听讲了。有时，老师信任孩子，点着孩子的名确认讲授的内容，孩子则可能真正开始认真听讲。总之，孩子有时看起来没听讲，实际却在听；有时好像在听，实际却没听。孩子注意力的表现不一，单从表面来看是很难区分的。不过，对自己感兴趣、认为重要的内容，孩子一般都会认真听。

注意力集中的类型

集中注意力，就如同聚焦一样，首先要找准焦点。

不同的孩子，注意力方式也各异。有的孩子只专注于自己感兴趣的事情，对周遭的事物毫不在意，可称为长焦镜头型；也有的孩子视野开阔，能注意到整体，但却难以专注于某一点，可称为广角镜头型。

长焦镜头型的孩子专注于自己感兴趣的事物时，即便有人跟他说话，让他看什么东西，他也可能听而不闻，视而不见。只要让他做自己感兴趣的事，他就不会来麻烦父母，似乎是省心的孩子。不过，这样的孩子对物的兴趣更甚于人，应多培养他与人进行交往。比如，孩子在玩玩具汽车时，父母可以陪着一起玩儿，也左右移动试一试。开始时孩子可能只注意汽车，渐渐地就会注意到移动汽车的手，继而开始模仿父母的移动方式，或跟父母比赛开汽车等，玩耍的花样也变多。父母跟他说话，他也会有应答。这就是训练长焦镜头型孩子拓宽视野的方法。相反，如果害怕孩子只专注于自己感兴趣的事物而不让他玩了，效果只会适得其反。

另一方面，广角镜头型的孩子则对所见所闻都感兴趣，因而难以专注于一件事情。尤其是在幼儿园或学校等集体环境中，来自周遭的刺激更多，孩子的注意力更容易分散。可以尝试把孩子的座位调到前排，或远离窗边的位子，以免受到更多的外界刺激，这样，孩子就更容易专心致志地听讲了。当然，跟孩子说话的时候，先点孩子的名，引起孩子注意后再讲，效果也会更好。

孩子注意力集中的方式、特点，在幼儿期最为明显，其后随着年龄的增长，就不会再那么突出了。当然，对于注意力特点突出的孩子，老师、父母可多观察、多下功夫，予以应对。

注意力不集中的应对

注意力集中，其次还需要有足够的心理能量。成人也一样，当心有所忧或身心疲惫时，即使是必须做的事情也会难以着手去做。

如前所述，幼小的孩子受注意力方式的影响比较大。其后，随着年龄的增长，注意力则越来越受到心理能量的影响。心理能量来源于愉悦的体验和自信。比如，有些孩子为了参加升学考试而中断了棒球训练，结果学习时间是有了，可却怎么也打不起精神来学习。实际上，正是棒球训练带来的愉悦体验为孩子储存了心理能量，使孩子有勇气和精力去应对学习呢。如果孩子看起来无精打采、情绪低落，或孩子自诉疲劳时，父母可首先考虑恢复孩子的心理能量，比如，稍微放宽要求，不要总是训斥孩子，或是陪孩子多玩玩，多给做点儿好吃的。心理能量得到恢复，孩子自然会变得充满活力，积极学习了。

当然，也有的孩子可能不仅注意力难以集中，还可能完全静不下来，非常容易冲动，这时可参考“多动、冲动”或“ADHD”等小节的内容。

（森下真祈子）

12 ADHD

什么是 ADHD

ADHD（Attention Deficit Hyperactivity Disorder，注意力缺陷多动障碍）是美国精神病学会在 1994 年的《精神障碍诊断与统计手册》（DSM－IV）中给出的诊断名称，有以下三种明显症状：①注意力容易分散，粗心大意老出错、丢三落四、不能听讲或按顺序做事；②多动，在课堂上坐不住、手脚总是动个不停、喋喋不休地说话；③冲动，问题没问完就抢着回答、不能耐心等候、别人说话经常插嘴、去抢别人的玩具或捣乱。

一些静不下来、充满活力的孩子常表现出以上症状，所以也可以说这是孩子的性格特点之一。在上小学前后的孩子中，有3% 的孩子都表现出这种倾向，说明这种现象是相当普遍的。但如果以上症状严重影响日常生活，给老师、父母或其他孩子带来困扰，或者孩子因为这些表现而经常被训斥，心灵受到伤害，以至失去自信的话，则有必要从 ADHD 的角度予以应对了。孩子的症状究竟如何，属于何种类型，为什么会这样行动？只有在充分理解孩子的基础上，才能恰当地予以应对。

ADHD 的原因

关于 ADHD 的原因，至今仍无定论。一般认为可能与一个人与生俱来的气质、体质或大脑的轻度功能障碍有关。而症状的表现和经时过程则受家庭、学校环境，与家人、老师和伙伴们的人际交往等各种因素影响。

ADHD 受到人们的关注还是近年来的事情。在远古的狩猎、采集时代，视觉敏锐、反应灵敏的人，可以及时发现猎物，如果再辅以充沛的精力，锲而不舍地追踪猎物，这样的人可是被视为英雄的啊。发明家爱迪生在上小学时，就因上课不听讲，只顾沉迷于空想之中而被学校退学了。是母亲给他提供各种器具，让他随心所欲地做实验，终于他与生俱来的天才得以发挥，为人类社会做出了巨大贡献。

有 ADHD 的孩子也许难以适应周围环境，融入中规中矩的生活，但如果能给他们一个舞台，让他们充分发挥自己的灵感和行动力，则可能做出一番他人难以企及的富有创造性的事业来。所以，即便在这个强调适应社会的时代，也要充分认识到孩子的长处和潜能，为孩子拥有一个明亮的今天和灿烂的明天而助力。

ADHD 的应对

ADHD，形象地说，就好像启动容易、刹车困难的汽车一样。这样的孩子可能为一点儿小事发火，情绪一旦上来就久久难以平复。在周围的人看来，这孩子实在是太任性了，完全没有忍耐力。另一方面，孩子本人可能也想平息怒火，只是往往难以如愿而已。

ADHD 并不是只要服用药物就可以治愈的。应对 ADHD，首先应仔细观察孩子的情况：什么时候症状变得严重，家人如何应对时症状减轻？在此基础上，再根据孩子的成长状况，帮助学习基本的社会规则。要循序渐进，有所侧重，切不可求全责备。有 ADHD 倾向的孩子，容易一天到晚都生活在父母的责骂声中。比如，孩子突然冲到马路上，与做作业时不专心，两者孰轻孰重？如果凡事一通责骂，孩子又怎么知道自己究竟该怎么做呢？不仅如此，孩子还会丧失自信，失去对家人的信任，情绪也变得愈加不稳定。所以教导孩子学习社会规则时，一定要有所侧重，持之以恒，同时夸奖孩子做出的努力和取得的进步，培养孩子的自信心和信任感。

其次，最好和幼儿园或学校的老师谈一下孩子的情况。学校、家庭在理解孩子的基础上，共同应对，陪伴孩子成长，这样做效果更理想。有多动或注意力不集中倾向的孩子，一般到小学高年级时，症状多会大大减轻，不再需要特别应对。在此之前，一定要让孩子在家人、老师的守护下健康成长，获得安全感和安心感，感受到爱，拥有自信。只要做到这点，绝大多数有 ADHD 倾向的孩子都会顺利度过这个时期。

实际上，无论孩子有无 ADHD 倾向，其教育方式都是相通的，只是对有 ADHD 倾向的孩子，其困难程度更大而已。如果无论怎么教导，孩子还是无法遵守基本的社会规则，或是父母反而被拖累得疲惫不堪，则需向专业机构寻求帮助了。

专业人士可以帮助观察、判断孩子的状况，指导如何与孩子相处。有些机构还提供各种训练，比如以控制身体运动为目的的感觉综合训练，以提高人际能力为目的的人际技能训练，以及帮助恢复自信和情绪稳定、恢复对人的信任感和信赖感为目的的游戏疗法等。

ADHD 的诊断和药物治疗

如前所述，ADHD 并不是服药就可以治愈的。应对 ADHD 的关键在于充分理解孩子，采取与之相应的生活方式和进行相应的训练，同时注意改善环境和与孩子的相处方式。当然，有时也有必要去医疗机构（综合医院儿科或儿童精神科等）就诊或服用药物，理由如下。

首先，接受诊断。即便同是 ADHD，也有各种表现。有了明确的诊断，才能确定应对方式。

其次，接受脑电波检查。脑电波异常可能导致行为异常，出现 ADHD 的表现。服用抗癫痫药物，有利于缓解症状。

第三，进行药物咨询。如果并无其他发育障碍，可服用哌醋甲酯（Methylphenidate，MPH）、匹莫林（Pemoline）等中枢神经兴奋药物。临床证明，这些药物对 70% ~80% 的 ADHD 倾向的孩子有效。另外抗抑郁药物也有一定效果。但是，这些药物的效果都只治标不治本，就像修理刹车一样，只是让刹车变得灵敏罢了，却并不能改善控制刹车的力道，或提高判断力，决定何时该踩刹车。在服药的同时，一定要注意改善生活方式，进行相应的训练，培养孩子的生存能力，这才是根本。这对其他孩子也同样适用。

（森下真祈子）

13　扰乱课堂秩序

什么是扰乱课堂秩序

扰乱课堂秩序的行为不一而足，有的稍加提醒即可收敛，有的却完全妨碍课堂教学，严重时甚至使班级教学都无法开展。比如，上课铃声响了，老师都已经开始讲课了，有的孩子还在讲话；身子一直动个不停，发出各种响声，不能静下心来听讲；做其他事情；一个人霸占着老师，问个不休；做小动作骚扰其他孩子；在教室里走来走去，甚至擅自跑出教室；在课堂上打闹，大声喧哗，妨碍其他孩子听讲；一个人嗤嗤地笑个不停，或煞有介事地不住点头；专门挑错，刁难老师，让老师难堪；扔东西，推动、翻动桌椅……这些行为列举起来几乎没完。

简而言之，所谓扰乱课堂秩序，就是妨碍班级作为一个集体进行听讲、学习的行为。有时，即便本人并不是故意的，但他的行为也可能妨碍其他孩子学习或听讲，或是妨碍老师授课。另外，扰乱课堂秩序的行为，既可以是一个孩子的各种行为或以固定的模式进行，也可以是多个孩子共同进行的集体行为。集体行为大多是故意为之，成员相同，模式固定，而且反复进行，在表面的扰乱行为下一般有更深层的原因。

扰乱课堂秩序的原因及应对

在这个瞬息万变、令人眼花缭乱的现代社会中，人们的育儿、教育理念也日趋多元化。在集体生活中，个人应如何自律，才能与集体共同行动呢？对于如何保持个人与集体之间的平衡，人们的认识千差万别。比如，看见孩子在电车或餐厅里大声喧哗、到处跑动，有的父母可能不以为然，“孩子嘛，就是那样的”或“这孩子就是这样的”，听之任之。看见孩子染发、戴耳环，有的父母也可能说“又没妨碍别人，有什么不好呢!”而且，幼儿园、托儿所的教育、保育方式也已发生变化，即便是同一行为，也很难简单地以“对”或“错”进行判断。所以，也可以说，正是价值观的多元化，催生了扰乱课堂秩序这种现象。

扰乱课堂秩序的孩子可大致分为三种类型。

（1）并非故意为之的类型

孩子可能完全未意识到自己的行为扰乱了课堂秩序。小学低年级，尤其是刚升入小学的孩子，面对新的学校、同学和老师这样全新的环境，可能既充满了期待，又满是紧张和不安。要适应这样的新环境，是需要相当大的心力的。在新学期，不论是谁，也都会或多或少地感到不安。因这种不安而生的言行就可能影响课堂教学。反之，熟悉新环境后，心里的紧张感可能逐渐消失，孩子们心情放松，也可能在课堂上讲话、走来走去，妨碍课堂教学。

这样的孩子可能并没有意识到自己的言行妨碍了课堂教学，而且也不是因为讨厌老师或为了与老师作对而故意为之。他们完全不知道自己的言行有什么错。这时，父母或老师可以制止孩子，并明确告诉他课堂上什么是可以做的，什么是不可以的。当然，应注意的是，切不可在其他同学或兄弟姐妹面前批评，而应单独面谈，在放松的氛围中，告诉他为什么不可以，直至孩子心悦诚服。

（2）因心理因素而为之的类型

可能是分离不安，或是父母的过分保护、过分干涉，甚或是过分严厉或虐待；或是家庭不和，跟小伙伴们闹了矛盾；或是学习吃力，没有兴趣等等，都可能心生不安或不满，从而出现扰乱课堂秩序的言行。另外，也有数名孩子，一般是高年级学生，一同扰乱课堂秩序的情形。他们或是对老师的教学方式或行为感到不满、不信任，因而跟老师作对，或是以触怒老师、反抗老师为乐，以此博取他人的注意，满足自己的虚荣心。

应对因心理因素而生的言行时，父母可详细询问孩子在学校的情形，然后再询问孩子为什么要这么做。应切忌劈头盖脸一通骂，或是咄咄逼人地询问。要耐心倾听，让孩子自由表达。同时注意观察孩子在家里的表现，是否有与学校同样的言行，这也有助于理解孩子。

另外，也有的孩子可能原本非常温顺，可从某一个时期开始，突然变得很有主见，不再听父母的话，变得“让人头疼”，变成“坏孩子”了。不过，坚持自己的意见，不屈从他人，是孩子成长过程中必不可少的环节。父母应仔细观察，比较孩子过去和现在的表现，认真思考究竟有什么不同，孩子真正需要什么？孩子一天天长大，可有时父母仍然把他当成小孩子，将自己的价值观强加在孩子身上。是否存在这样的情形呢？

这样与孩子真心相对时，是否可发现在扰乱课堂秩序的背后，孩子正在发出某种信号呢？一定不要过多地被这种表象所迷惑，而应理解、感知孩子行为背后波动的情绪。如果孩子的信号、感情太复杂难解，不妨向专业人士咨询。

（3）因发育或行为障碍而为之的类型

如果孩子与父母、朋友或其他人的人际存在困难；或是静不下来，冲动、粗暴；或是交流困难，则可能存在发育障碍、ADHD（注意力缺陷多动障碍）或其他行为障碍。如果怀疑有这些情况，可到相关专业机构进行咨询、检查。同时，还需与老师配合，重新审视孩子的学校生活。一方面固然要考虑孩子的发育程度、性格，以及可能存在的障碍；另一方面也不能因为孩子的特殊情况而放弃，或是简单地归结为父母养育、教导方式不对，或是把责任推给老师、学校，指责老师没有教好。应对孩子的问题，父母、老师以及专业人士必须共同努力，为孩子的成长撑起一片蓝天。

（良原惠子）

14 校园暴力

什么是校园暴力

所谓校园暴力，就是孩子们在学校里引发的暴力行为，包括孩子们之间的暴力、损坏公共财物，以及针对教师进行的暴力。根据2001年8月日本文部科学省发布的《教学指导相关问题的现状（快报)》，在上一学年度，日本全国的公立小学、中学以及高中学生引发的暴力事件为40374起，其中校园暴力为34595起，两者均较上一学年度有较大增加。校园暴力中，学生间的暴力占49%、损坏公共财物占34%、针对教师的暴力占16%。其中最为突出的是，中学生引发的暴力占80%，而高中学生针对教师的暴力事件也比上年增加了25%。不断增加的校园暴力，已然成为一个深刻的社会问题。

校园暴力的背景

为什么会发生校园暴力？这与学校和社会发生的诸多变化不无关系。1955年美国电影《暴力教室》（Blackboard Jungle）在日本上映，整个社会为之震撼。当时战后婴儿潮时期出生的孩子正升入小学或初中，每个教室都有五六十名学生，挤得满满的。教室是木板房、铁皮顶，一下雨屋顶上就“劈劈啪啪”作响，以至于都没法上课。除教学设施、设备严重不足外，教材、教具也不完备，同时，很多教师都没有正规资格，还存在教师不足的问题。与教育环境的恶化同时出现的，还有学生的暴力倾向。当时，校园暴力事件还比较少，主要以男生头或女生头带领的孩子们在街头打斗或学校间的群架为主。

1978 年，在东京的一个中学里，一位孩子公然在课堂上大声播放磁带。老师批评时，结果反而被打了一通，媒体对此进行了大肆报道，全国震惊。20 世纪 70 年代后期开始，日本公立的初中、高中开始按照考试分数招生，一些孩子因为进入的学校不理想而心生不满，甚至自暴自弃，结果出现一些偏激行为，进而与进行管教的教师发生冲突，出现针对教师的暴力行为，这也是这一时期校园暴力的特点。

在 1985 至 1986 年，校园暴力一度呈减少倾向，其后又开始上升。在此期间，孩子们除对按考试分数招生的做法不满外，对学校教育、学历也开始持怀疑态度，校园暴力也开始蔓延到普通孩子。

校园暴力的原因

2000 年，在日本，校园暴力仍然有增无减。有的孩子仅仅因为一个眼神，就对同学拳脚相加；或仅仅因为迟到被老师批评了，就扑上去撕打。近年来脾气暴躁、暴力倾向严重的孩子急剧增多，其原因大致如下。

（1）孩子方面的原因

吃饭、睡觉等基本作息不规律、自制力较弱、暴躁易怒、对父母或老师不信任、尚武好斗、不愿遵守规则等，有的孩子存在以上问题。

（2）家庭方面的原因

家庭不完整，父母的过分溺爱或过度管制，或父母、家人对夜不归宿、扰乱课堂秩序等反社会行为的纵容和容忍，以及父母对孩子疏于管教，父母本身的暴力行为等，在家庭环境或父母的养育方式上存在问题。

（3）学校方面的原因

教师对孩子理解不够，授课方式或学校活动缺乏吸引力；缺乏个别指导，未能充分照顾孩子的情绪；班级管理未充分尊重孩子个性；老师、学校对错误的行为或欺负现象视而不见；老师对孩子采取高压态度；学校的指导缺乏一致性等，有的学校存在这方面的问题。

（4）社区方面的原因

社区里缺乏交流孩子问题的场所，邻里之间来往太少，人际关系淡薄，对孩子的反社会行为采取姑息、放任的态度等，社区的教育功能下降。

（5）其他原因

①城市人口、建筑物的过度集中，交通状况的恶化等，使孩子们的玩耍场地越来越少，孩子们旺盛的精力难以发散；②学校里年轻老师越来越少，缺乏朝气；③随着手机、室内游戏等的普及，孩子们越来越缺乏面对面的人际交流；④恐怖电影、强烈刺

激的电视节目等媒体也可能造成不良影响；⑤从整体上来看，孩子们普遍缺乏克制力。

校园暴力的应对

校园暴力并不是与己无关，说不定什么时候自己的孩子就可能成为加害者或受害者。对老师来说也是一样，说不定什么时候在哪个学校就会遭遇校园暴力。校园暴力并不是某个学校的问题，而是整个社会的问题。应对校园暴力，需要家庭、学校和社区等各方都积极介入。下面就如何预防暴力行为，谈一谈家庭的应对方法。

有时，孩子可能变得不听话，或者拥有自己的小秘密，或者很烦父母或老师，也许这正是孩子开始从心理上离开父母、寻求自立的表现。

中学生正处于成长阶段的第二反抗期，在想按自己意愿行事的同时，又往往做出离经叛道、挑战权威的行为。可能在家对父母出言不逊，在校无视、违反校规，或对其他孩子施暴。另一方面，当孩子存在心理问题时，就可能出现头痛、恶心、食欲不振、过量饮食、头晕、发热等身体方面的不适，也可能出现失眠、吮指、咬指甲等行为，或者变得过度敏感，为一点儿小事就攻击他人等等，出现各种征兆。总之，孩子们并不善于发出求救信号。因此，父母往往难以发现，或虽然担心，却束手无策，采取逃避的态度。

当孩子出现身心不适，或言行有异时，一定要坐下来和孩子好好谈谈。不要被孩子表面的行为所迷惑，要理解孩子的感情，注意倾听，也许在交谈中双方就能找到解决的办法。孩子出现问题行为时，逃避、躲避都不是办法，一定要勇敢面对。

可根据孩子的言行，寻求学校、相关教育机构或儿童咨询机构的帮助。同时还应根据孩子的年龄，相应地进行饮食、睡眠、卫生、遵守规则等方面的教导。孩子从小养成良好的习惯，是会受益一生的。孩子在学习这些规则时，可能有时遵守，有时又违背。正是在不断的实践中，孩子最终切实掌握人际准则，体会到遵守规则的重要性。在家里，孩子应学会问候、按时回家，以及别给他人添麻烦等道德方面的规则。

现在有不少孩子严重依赖父母，自立性不足，待人处事以自我为中心，较少顾及他人。当然，从另一个角度来说，他们也是受害者，从小被娇生惯养，没有养成自己的事自己负责的习惯。可以根据孩子的年龄，让他适当分担一部分家务，体会劳动的意义。做家务也可以培养孩子的责任感、自立能力和忍耐力。

当然父母也不可假借管教之名，而将自己的情绪随意发泄到孩子身上，甚或使用暴力。做父母的应切戒这一点。

其次，对孩子来说，家应是全家人愉快生活的乐园。父母应留心观察，孩子在家里是不是活得自在、舒心，亲子间是不是可以坦诚交流、相互信赖。孩子感受到父母或家人的重视、关爱，就会拥有安心感和安全感。这样，孩子就不会过度反应，为些许小事攻击、排斥他人。安心感和安全感是孩子应对挑战、挫折的坚强后盾。

应切记：养育、教导孩子，也是父母自我成长的过程。

（梶谷健二）

第8章

关于未成年犯罪的问题

01 未成年犯罪与心理

什么是未成年犯罪、反社会行为

一直以来，在日本，一个家庭幸福美满的标志之一，就是孩子健康成长，诸事遂顺。一旦孩子出现拒绝上学、被欺负，或遇上什么麻烦事，做父母的多半会自责，归咎于自己的失职、失败。孩子出现心理问题，既可能以心理疾病的方式表现出来，也可能表现为身体疾病。当然，未成年犯罪、反社会行为也是心理问题的表现形式之一，本章将具体探讨这些问题。

这里所说的未成年犯罪，是专指未成年人触犯刑法的行为，而广义的违背社会道德规范、扰乱社会秩序的行为，在此则称为反社会行为。

未成年犯罪、反社会行为的类型

笔者曾在监狱从事文职工作，那时有“三离四走”的说法。这是一位少年鉴定所所长提出的说法。所谓“三离”，就是指脱离家庭、学校和所在的社区；所谓“四走”，就是指陷入盗窃、飙车、乱性和滥用毒品的行为。这里的“走”，是古语，即“跑”的意思，具有深陷其中难以自拔的意味。这个说法非常精辟，形象地反映了上世纪70年代末80年代初在日本未成年犯罪的成因和内容。时至今日，它仍然适用，这也说明未成年犯罪是一个根深蒂固的社会问题。

其中，盗窃以超市盗窃、抢包和盗窃汽车内财物为主，也包括抢劫和勒索行为；飙车主要指飙车族进行的危害公共安全的飙车行为，触犯了道路交通安全法；乱性是指强奸、强制猥亵、公然猥亵，还包括近来出现的伴随援助交际的卖淫行为；滥用毒品主要是指滥用有机溶剂和兴奋剂的行为。

除以上四类外，还有因家庭暴力、校园暴力而造成的损害公共财物、人身伤害等暴力性质的行为，以上这些几乎呈现了未成年犯罪的全貌。

孩子的反社会行为主要包括反抗父母或老师的行为或态度，说谎或谎言癖，离家出走，先于或与未成年犯罪同时出现的动物虐待，以及在学校或职场上出现的性骚扰等。

未成年犯罪的背景

总的来说，战后日本的未成年犯罪曾出现三个高峰期，分别为1951、1964和1983年，这也与当时的社会经济状况密切相关。战后日本社会首先经历了普遍的混乱和贫困；后来在经济高速增长期，随着城市化、工业化速度加快，又出现社会转型时期的各种问题；然后是多样化价值观的出现，家庭、学校和社区难以再充分发挥对孩子的教育作用。现在日本的未成年犯罪正处于第四个上升期，何时再攀上高峰也未可知。

从整体来看，在各个时期，未成年犯罪件数最多的都是盗窃。其中，超市盗窃，摩托车、汽车盗窃呈缓慢上升趋势，而入室盗窃呈减少趋势。

近来，14 岁、17 岁少年引发的凶杀案件曾轰动媒体，但从统计数据来看，严重的未成年犯罪，如凶杀等的件数并未增加，只是针对中年男子的抢劫事件明显增加。

此外，飙车团伙的规模逐渐缩小，但与飙车相关的未成年犯罪并未减少，而少女的未成年犯罪以盗窃、乱性和毒品为主，自第三次高峰后一直占未成年犯罪的 1/5 或 1/4 左右。

各种未成年犯罪、反社会行为将在本章各节分别讨论，下面主要探讨这些未成年人群共同存在的心理问题和父母的应对方法。

未成年犯罪、反社会行为的原因

在长期的心理咨询中，笔者发现，这些孩子普遍感到空虚、无聊，总是想抓住点儿什么，以缓解内心的寂寞。而在此表象之下，则是对父母的爱和关心的怀疑，以及由此而生的失望、愤怒或怨恨情绪。

孩子们经常说，只要自己学习好，父母就全盘接受自己。反而言之，如果学习不好，父母就不会爱自己了，父母的爱是有条件的；有条件的爱，就不是真爱。实际上，很多父母正是这么做的，只要孩子学习好，就放弃了对孩子的管教，采取放任和娇惯的态度。孩子敏感地察觉到父母的这种养育态度，因此才会说父母并不真正爱自己。

只有真正感到被爱、受到重视的人，才能学会爱他人。这些没有从父母那里感受到爱的孩子，表面上看来是在反抗父母，其实他们何尝不是在寻求父母的回应，确认父母对自己的爱呢?

所以未成年犯罪既是对父母敲响的警钟，也是孩子们为填补内心空虚、寻求爱的替代品的表现。他们试图从盗窃、毒品、乱性、飙车中获得某种满足，或是麻痹自己，以慰藉自己寂寞的内心，这也是孩子们内心挣扎的表现。

未成年犯罪、反社会行为的应对

父母对孩子的爱是无条件的。如果实在要说有什么条件的话，那就是“是自己的孩子”。除此之外，诸如学习好、聪明、可爱等都不能成为条件。孩子不是父母的宠物或物品，不是不合心意或不需要了就可随意抛弃的。否则，孩子的命运也太可怜了。

父母对孩子的爱的表现之一就是照顾好孩子的饮食。近年来24 小时营业的便利店和餐馆增多，方便食品也广泛普及，但对孩子的饮食，父母还是不可偷懒，仍需悉心照料，这也是防止孩子走向违法犯罪之路的重要手段之一。

良好的饮食不仅可增进亲子关系，而且也有助于稳定孩子的情绪。不少未成年犯罪或出现反社会行为的孩子，就常常靠方便面、炸薯条或面包充饥，而且不吃早餐的居多。孩子缺乏维生素B、C，以及钙镁等矿物质，就容易变得兴奋或具有攻击性，这已是共识。

当然一日三餐也不能全依赖母亲，父亲和孩子也应适当参与。父母精心制作的饭菜，全家人齐聚餐桌一起享用，这才是家庭生活的原点，同样也可有效防止未成年犯罪。

（藤田裕司）

02 离家出走

什么是离家出走

离家出走，顾名思义，就是指离开自己居住的家。孩子的离家出走则是指孩子违背父母或其他监护人的意愿而离开家的意思。有的孩子可能因为跟父母的一点儿争执，而撇下一句“这样的家，不待也罢”就夺门而出。也许当天就回来了，也可能长达几个月甚至几年都不回来。孩子离家出走的时间有长有短，原因也各不相同。

离家出走的原因

2000 年日本警方发现、保护的离家出走孩子为 2.7 万人，其中中学生占绝大多数，其次是高中生。孩子的初中和高中时期，从发育阶段来看，正处于青春期。孩子为什么会离家出走？理解青春期孩子的心理是解决离家出走问题的关键。

青春期是孩子向成人的过渡时期，开始产生自主意识。虽然仍在父母的羽翼下，但已经开始有自己的主张和想法了。在此之前一直很听话的孩子，渐渐地开始顶嘴、反抗，对父母也不再那么顺从了。孩子开始独立思考问题，但由于思考方式还不成熟，看事物往往非黑即白，因而很难多角度地思考问题或接受例外的情况。对父母努力适应现实的处世态度，孩子会觉得圆滑、庸俗、肮脏。比如，“父亲明明说自己的人生自己决定，可为什么又说至少应该念完大学，要好好念书呢?”当父母让孩子遵循世间的正义和常识，并告诉他“这是为你好”时，有的孩子可能完全难以接受，开始激烈地反抗，甚或怒气冲冲地离家出走，或摔上门把自己关在房间里。

同时，青春期孩子的身高、体重迅速增加，体型也逐渐向成人转变。身体的急剧变化会影响心理的稳定。一个人情绪稳定时，遇见小小的不快或刺激，一般都会处之泰然，但情绪不稳时，则可能过度反应。青春期的孩子，情绪正处于不稳定的时期，即便是小小的刺激，也可能导致一时冲动而离家出走。

另外，因为对这个世界的不信任，从而开始怀疑自己生存的目的、意义，不知道自己是谁。就这样，青春期的孩子开始探寻自我，同时萌生新的欲求：希望挑战新的事物，了解更广阔的世界，用自己的眼睛去看，用自己的身体去体验。有时，这种欲求可能转化为一种现实的行动——离家出走。

当然，离家出走的原因并不限于此。但无论如何，应对孩子的离家出走，青春期的自主意识和矛盾冲突的心理，都是不可忽视的因素。

离家出走的应对

孩子的离家出走，无论是有计划的，或只是出于一时冲动，也都是事出有因的。对孩子的意见、解释和辩解，父母是不是一概不以为然呢？首先，父母应该检讨一下，是不是总把自己的意见、主张强加给孩子？确实，父母的本意是为孩子好，可对孩子来说，也许就完全是强迫了。从父母的角度考虑问题，那是以父母为中心的世界，与孩子的世界岂不是相差甚远？

孩子现在关心什么、喜欢什么、想做什么？要了解孩子，父母首先要将自己的说教放在一边，静下心来倾听孩子的诉说。以孩子为主，家长为辅，做一个忠实的听众。“哦，原来你是这样想的”，“他这样对你，真的很难受是吧？那你希望怎么样呢？”只有耐心倾听孩子的愿望和想法，并予以理解和支持，孩子才会敞开心扉。反之，如果对孩子说的什么话都彻头彻尾地加以否定，或者动不动就是一番教训，孩子则可能从此三缄其口，再也不会吐露自己的心声了。

当然，做一个好听众，也并不意味着就只是随声附和，放弃对孩子的管教。比如，当孩子说“和朋友在一起很开心，今天晚点回家”，“不喜欢某某老师，所以不想上他的课”时，父母能一口答应，听之任之吗？这时，父母切不可劈头盖脸一通骂，而应该耐心倾听孩子的理由，然后再坦率地表达自己的意见，“爸爸妈妈是这么想的，你觉得怎么样？”要耐心、坦诚地与孩子沟通。与单纯的说教相比，倾听、沟通可能更费时费神，但正是因为父母的这种努力，孩子才会更深切地感受到父母的爱和重视，也才有了直面挑战和困难的勇气。有了父母的爱和重视，孩子就不会轻易地弃家出逃了吧？

孩子总有一天会离开家、离开父母，开始自立和独立的生活，所以与父母在一起的日子，也可以说是为此而做的准备。孩子的自立不是一蹴而就的。一开始，他的想法、意见可能不成熟，有失偏颇，他需要在实践中经受挫折、磨炼，切身体验，最后才能学会自立，真正离开家，走向社会。在这一过程中，父母需要助力他们的成长，容许他们犯错误，耐心守护。

家就如同每个家庭成员停靠的港湾，孩子就如同一只出海打鱼的小舟，在狂风巨浪中戮力前行。有时为了打到大鱼，孩子会划向遥远的天际，前去冒险，然后在疲惫的时候归来，也可能在惊惧战栗中逃回来。只要有风平浪静、始终等待的港湾，小舟就不可能被狂风巨浪吞没。家就是这样一个地方：在孩子遭遇挫折、危险、挑战的时候，永远等候他的归来；家也是孩子休养生息的地方；家也给孩子走出家门的力量和勇气，是他们敢于到外面玩耍、上学或工作的安全基地。

作为父母，就应努力给孩子营造这样一个家。这种努力就是预防、应对离家出走的良方。

（西部美志）

03 盗窃、勒索

盗窃及其应对

所谓盗窃，就是窃取他人的财物，可根据盗窃对象进行分类。

在各种盗窃类型中，超市盗窃，自行车、摩托车盗窃，占有、使用他人放置的财物，被称为轻型未成年犯罪，占未成年犯罪行为的70%以上，且被视为误入歧途的开端。

盗窃基本上源于对某种物品的贪念，但在物质生活日益丰富的今天，则更多地成为发散压力的手段，心理因素所占的比例更大。下面简要探讨各种主要盗窃方式及其应对方法。

（1）超市盗窃

在青少年盗窃案件中，超市盗窃所占比例最大，作案者多为初中、高中学生，而且女生也不少。超市盗窃不需要特别的技术或体力，一旦起念即可实施，因此有不少因一念之差而犯下的案例，当然也有累犯。如果没被发现，则可能在短时间内反复作案。但如被发现，并接受教育，则可能从此改正。很多初犯都从此不再涉案。

至于超市盗窃的动机，除对物品的贪念外，还可能有朋友的引诱，一时得手的成功体验，对刺激、冒险的追求，以及欺骗成人世界的自得，各种心理不一而足。但无论如何，难以应对日常生活中的挑战或欲求不满的心理都隐约可见。

超市盗窃多以两三人一组进行，各有分工，在放学后的时间段里作案。当然，也有单独作案的孩子。这些孩子在学校里也可能并不特别引人注目。

另外，超市盗窃不容易让人产生犯罪意识，这也是其多发的原因之一。盗窃物品往往比较廉价，且多发生在大型折扣店、大型超市等店员照顾不及的地方。作案的孩子大多以“大家都在干”、“店员也不会有什么损失”、“发现了只要付钱就行”等诸如此类的理由安慰自己。而且现在孩子们玩耍的场地也越来越少，少有机会和伙伴们一起冒险，比如偷摘邻居家树上的柿子等，不能不说这也是原因之一。

超市盗窃一般都因一念之差而起，如果被发现，认识到是犯罪和应承担的责任，大多数孩子都会就此改正。但如果批评教育后也难以改正，长期持续，则可能存在严重的心理问题，而且可能发展到更严重的违法犯罪行为。这时，就需要父母、孩子和学校共同努力应对了，必要时还可寻求专业人士的指导或治疗。

（2）自行车盗窃

在青少年盗窃案件中，自行车盗窃所占比例仅次于超市盗窃，位居第二。自行车盗窃主要是非法使用他人放置的自行车，可能是没上锁的，也可能是毁掉车锁。究其动机，大多以“走路太麻烦”、“只是借来用用罢了”为辞，而且使用后多半随手丢弃。盗窃自行车的绝大多数是男孩子，有时也与不良少年团伙有关。

与超市盗窃一样，自行车盗窃也有盗窃对象多、操作简单、容易实施且犯罪意识较低的特点。

对自行车盗窃，无论是父母还是孩子，都应充分意识到这是盗窃，是侵占他人财物的行为，而且也是滑向歧路的开端。

（3）摩托车盗窃

和自行车盗窃一样，摩托车盗窃也是非法占有、使用他人财物的形式。但从动机来看，多源于对摩托车或摩托车驾驶的强烈兴趣。与自行车不同，摩托车的撬锁和驾驶都更为复杂，需要同伙或朋友传授相关技术和作案手法，因此摩托车盗窃往往也是加入不良少年团伙的开端。

还有，与其他孩子一同驰骋时的充实感，奔驰时的惊险、自由感，甩掉警察追逐时的成就感，对许多孩子来说，也是难以抵御的诱惑。另外，因为还不到考取驾照的年龄，所以想拥有、驾驶摩托车的欲望也可能变得分外强烈。

对孩子来说，摩托车的魅力究竟何在？这也是应对摩托车盗窃的关键，同时也应让孩子意识到这一点。如果是喜欢驾驶时的感觉，喜欢自由自在地操纵摩托车、随心所欲地驰骋，那么则可能与日常生活中感受到的无力感和自卑感有关。如果是喜欢与团伙成员共同行动，喜欢成为其中一员的感觉，那么发生其他不良行为的可能性也大。如果仅仅是喜欢摩托车，对摩托车驾驶有强烈兴趣，那么应教育孩子通过正当途径拥有摩托车，学习驾驶方法。

（4）抢包

所谓抢包，就是以窃取他人财物为目的，抢去他人手提或放置在自行车前筐里的包的行为。多以反抗力较弱的老年妇女为作案对象，骑着小型摩托车从后方接近，在超越的瞬间抢去。作案目的多为获得玩游戏之类的小钱，作案后多将存折和银行卡等和包一起丢掉。抢包往往发生在黄昏后地处偏僻的路段，与光线的昏暗有关，大概是害怕被事主看见自己的相貌吧。

抢包也是滑入犯罪之路的开端之一，多以两人或团伙作案，但并不一定都是固定成员。只要一个人有抢包经验，即便是初识，也可能一拍即合，立即共同作案。“大家都在干”，“一抢就得手”，这种来钱快、来得容易的信息的流布，以及团伙作案、未与被害人直接接触的作案手法，都可能削弱抢包时的犯罪意识。实际上，抢包时受害人可能被拖倒，造成严重的身体伤害，还有因为身份证及其他物品被抢走等，受害人都可能产生严重的心理不安。

如果与团伙成员之间的关系并不密切，只是想轻而易举地获取钱财，则可能在被抓后认识到事态的严重性，从而不再重犯。但如果作案次数多，或与团伙关系密切，而且被抓后也重犯，则可能存在严重的心理问题，需要专业人士的帮助了。

（5）擅自拿家里的钱

有些孩子擅自拿家里的钱，这种情况以小学生居多，或者从小学时就有这种现象。可能将钱拿去买自己想要的东西，也可能去招待朋友吃喝或打游戏，目的是结交朋友或树立自己的威信。也可以说只有通过钱财，才能维系朋友关系。

首先，父母应检讨自己对于钱财的管理是否得当，是不是把钱随便乱放，或者孩子有什么新物品也不过问？家里的钱财管好了，孩子擅自拿钱的情况自然会减少。其次，如果孩子多次擅自拿家里的钱，甚至成为习惯，或在朋友家、公共场所也顺手牵羊，则可能有更加深刻的心理原因了。是不是为了吸引父母的注意，或是遭遇欺负、勒索？

总而言之，不论是何种盗窃，其共同点就是追求刺激或游戏的感觉，并从中体会到自我满足感或与同伴之间的紧密联系，以此来缓解自己的孤独感、无力感和自卑感。而且，在盗窃行为中，同伴们互相协助、互相竞争、分享喜悦、共有秘密，也可以说是人际交往的一种另类体验。当然，这种共同作恶的人际关系也并不是一帆风顺的，也同样有烦恼和波折。

勒索及其应对

勒索是指通过威胁他人获取钱财的行为。和盗窃一样，也是以钱财为目的，但也大多伴有发散压力的因素。同时，将自己暴露在受害人面前，通过武力让其屈服，不可否认，也含有宣示自己威力的成分。通过勒索行为，不仅可向受害人昭示双方的强弱上下关系，而且也可巩固自己在团伙内的地位。

勒索可能是欺负的手段之一，也可能是一连串勒索行为的表现。比如，毕业生向高年级学生勒索，高年级学生转而又向低年级学生勒索，或者受到勒索的孩子，又向其他孩子勒索，以此转嫁损失。此外，未成年人在做小时工时，可能经手大额现金，借贷也比较容易，所以即便遭遇勒索，父母也可能难以及时发觉，或了解整个事情的真相。

作为父母，首先要了解事情的真相，比如团伙有几人、发生几次、勒索的金额及其使用情况、与受害人的关系、与同伙之间的关系等，并对受害人予以金钱赔偿。其次，还需应对孩子的心理问题，即因为没有自信，所以只能通过扭曲的方式建立人际关系。最后，如果对受害人造成人身伤害，无论是父母还是孩子，都必须承担相应的责任。

无论是盗窃还是勒索，有的孩子都可能觉得，“又不是什么大罪”，“即便被抓住也没什么问题”，甚至有的父母也是这种心态。但是，要记住，盗窃、勒索都是犯罪行为，而且可能根据作案次数或情节轻重被送往法院，甚至被送去管教或服刑。其实，即便没有受到处罚，孩子也可能在一系列司法程序中认识到问题的严重性，从而改过自新，回到正确的人生轨道上来。所以因为以上行为被抓，也不能说全是坏事儿。因此，只要发现孩子有以上行为，无论是否有司法的介入，都应引起重视。如果仅靠家庭和学校难以解决时，可以寻求专业人士或机构的帮助，积极应对孩子的心理问题。

（北座知荣子）

04 滥用有机溶剂、毒品

什么是滥用有机溶剂、毒品

有机溶剂（稀释剂、胶、甲苯等）具有挥发性，吸入后如醉酒一般，会产生幻觉、莫名的幸福感，变得无所畏惧，还有飘飘然的感觉。其最初的使用，有的说是在监狱，被囚犯们当做酒的替代品而使用；也有的说是从无钱买酒喝的青少年中开始的。在日本，有机溶剂的滥用始于20世纪50年代中期，到60年代中期，日本的年轻人开始模仿美国嬉皮士的迷幻文化，有机溶剂的滥用更是流行开来。时至今日，有机溶剂仍被不良少年少女们用于玩乐。

有机溶剂本来是用于稀释涂料，或用作胶粘剂，而非用于人体的。人体吸入后会对大脑造成伤害，影响精神健康。同样，药品也有其本来的用途，如果滥用，就是毒品，也会损害身心健康，影响一个人的人生轨迹。

滥用有机溶剂极易导致滥用毒品，比如精神药品或麻醉药品等。在日本，有精神药品管制法、剧毒药品管制法、大麻管制法、麻醉药品管制法等，对相关药品的不当生产、销售和使用施以严厉的处罚。按理来说，青少年是很难取得毒品，尤其是精神药品和麻醉药品的。但就像从前在美国的禁酒时代，酒成为黑社会赚取资金的手段，现在，精神药品、麻醉药品也是日本暴力团牟取暴利的工具，是其主要资金来源。不仅如此，他们还给离家出走的少女注射毒品，使其成瘾，再让其卖淫，攫取双重暴利。他们还将黑手伸向初中生、高中生以及普通家庭主妇，欺骗他们说可以缓解疲劳，振奋精神等，甚至将其发展成销售者。一个人一旦沾染上毒品，要想摆脱谈何容易。不但会成瘾，损害身心健康，还会给亲人造成伤害，带来悲剧性后果。

滥用有机溶剂、毒品的心理

一个人的身心总是处于不断的内外刺激之中。在某种意义上来说，正是刺激才使人生变得丰富多彩。适度、愉快的外界刺激，比如音乐、艺术、味觉、喜欢的异性等，会激发内心的感动、好奇心、冒险心和上进心。人原本就是寻求刺激、接受刺激、施与刺激的存在。

刚刚步入青春期的孩子，有的可能喜欢嗅弥漫在空气中的汽油味，并沉醉其中。爷爷放在书房里的旱烟袋，也可能拿来偷偷吸两口，那种又苦又辣、呛人的旱烟味，不少人即便长大成人之后也还不时想起。

婴幼儿完全碰不得山葵、芥末、辣味重的咖喱之类的，但随着年龄的增长，会逐渐接受，进而喜欢，甚至嗜食。当然，也有些成人还是不能吃辣味食物，并不能一概而论。不过，总的来说，随着年龄的增长，一个人来自内在的刺激会增大，对外界刺激的需求也相应增大。正如肩酸、腰疼等来自内在的不快、痛苦，需要通过针灸、按摩等外在刺激来缓解一样，适度的香辛料也能给人带来愉悦的味觉感受。

内在刺激来自内心的能量。可以将这种能量想象成地球内部的岩浆。地球在诞生之初，只是一团岩浆，其后随着时间的推移，表面渐渐冷却，形成多层地壳，从表到里将岩浆包裹起来，然后有了地表和海洋，最后才有了生命。

婴儿的内心能量，也有如岩浆爆发的时候，这就是哭闹了，有谁能胜过？其后，随着年龄的增长，孩子内心的能量会受到约束，开始以人格的魅力或热情表现出来；或者以内心的能量为原动力，积极地表现自己或参与人际交往。当然，孩子健全人格的形成，离不开父母或监护人、老师和朋友的爱。爱是最重要的外在刺激。其次，从古至今的东西方艺术、知识也是良好的外在刺激。正是在良好的内外刺激下，一个人才拥有灿烂的人生。

不幸的是，有些孩子并未能沐浴在爱的阳光下，因而内心的能量也难以受到约束，结果以攻击的形式表现出来。攻击必然招致反击，从而使自己也受到伤害。受害意识增强，就会变得畏缩、孤僻、顽固。简而言之，没有享受到爱的人，不得不同时忍受着内在、外在刺激的双重折磨，人生也陷入悲惨的境地。

一个人如果无法得到爱这一良好的外在刺激，就可能被自己内心的能量所摧毁。青春期的孩子正处于身心发育的关键时期，心理波动剧烈，对内心能量的约束也需逐渐转换为成人式的。

孩子小时，内心能量的约束由父母引导。父母满怀爱心的引导，一定会使孩子内心能量的约束水到渠成。可青春期的孩子必须学会自己约束内心的能量，毫无疑问，这不是一件容易的事。

孩子小时如果没有充分享受到父母的爱，没有学会如何约束、发散自己的内心能量，一旦进入青春期，自然就无所适从了。该怎样应对自己的内心能量，怎样表现自己，怎样应对外在的刺激？在惶惑、无聊中，他们感受到的可能是无边的孤独和空虚。

孩子进入青春期，内心的能量增大，就可能以攻击的形式发散出来，做出违法犯罪行为；或者滥用有机溶剂、毒品，寻求强烈的外在刺激，以平衡不断增大的内在刺激。

滥用有机溶剂、毒品的应对

现在日本广泛开展禁烟教育，但对滥用有机溶剂、毒品的教育力度还不够。应该让孩子们了解毒品的相关知识，尤其是其危害性，要让孩子们明白，“毒品是绝对不能碰的，哪怕一次也不行。”只要用心去教，让孩子明白父母的爱，孩子一般都会远离毒品的。

那么，父母该怎样传达自己的爱呢？下面以笔者经历的一个实际案例来说明这个问题，那是一个已经开始滥用有机溶剂的孩子。只要感受到父母的爱，孩子就可能从此远离毒品，不过这也可以说是一场押上了自己的赌博。

傍晚，上初中的女儿一手拿着有机溶剂瓶，向母亲撂下一句“和街上的朋友一起吸有机溶剂去了”，就扬长而去。母亲愁容满面地向笔者诉说道。“那你怎么办?”“震骇啊！不知该如何是好。在我发蒙的当儿，女儿已经挥挥手走了。”母亲不住地叹息。一个月前也是这样的，几天后才回来；已经有半年没去上学了，从几个月前就开始夜不归宿；与街上的孩子一起吸有机溶剂，到坐电车也需要一个小时以外的地方。

笔者猜测，这个家庭一定另有隐情。果然，女孩的弟弟是残障者，今年才全日入托到福利学校。弟弟出生后不久就发病了，那时女孩才三岁。从那以后，父母一定忙于照顾弟弟，应对他的残障，而女孩也少有机会与父母亲近，得到父母的关注了吧？现在父母终于空出手来，女孩是不是出现了退行行为，以弥补过去的爱的缺失呢？

“故意举起有机溶剂的瓶子，还说要去吸，这是什么心理呢？”“让我担心吧？”这位母亲寻思着回答，“那我该怎么办？”“担心呀！”母亲生气了，“还没担心吗！我有多担心，她难道不知道！”母亲忍不住哭出声来。“现在生气、哭泣的样子，也该让孩子看到……”笔者语重心长地说。“明白，可她那一副没心没肺的样子，是不是脑子出了毛病？我担心都来不及，哪有功夫生气！”“弟弟是智力方面的问题吗？”“嗯，是的……难道是在学弟弟吗？一定是的。”母亲说到这儿，开始默默地掉眼泪。当天的咨询就这样结束了。两个星期后，父亲也一起来了，神情开朗。

原来，上次咨询后，母亲回到家里告诉父亲：对女儿，也要像对弟弟一样，付出同样的心血，否则后果不堪设想。父亲当即表示，要休几天假在家陪伴女儿，而且立即给上司打电话说明情况。幸运的是，上司也给予大力支持。父亲在家待了两天，第三天，女儿又拿起有机溶剂瓶，说要出去找朋友玩。父亲不由自主地跪下了，恳求女儿不要去。女儿先是犹豫了一下，还是不为所动，径自出门了。父亲追上去，不住地央求女儿，母亲也哭着跟在后面。一家人就以这样奇特的样子走到车站，在路人的侧目而视中。女儿进了检票口，父母虽然还想跟进去，可是又怕对不住她，只好站在检票口泪眼相送。他们看见，女儿在车厢里对他们怒目而视。

丧魂落魄、精疲力竭的父母回到家里，相顾两茫然。一连几个小时，坐在客厅里一动不动。不知什么时候，门厅传来动静，女儿回来了。仍是一副不以为然的神情，飘然上楼而去。等到一切恢复了宁静，母亲上到二楼，发现女儿已经睡着了，房间里没有有机溶剂瓶。看到女儿恬静的睡颜，母亲知道，女儿已经跟有机溶剂断绝了关系。

听父母谈完，笔者问道："那天以后，爸爸就去上班了吗?"孩子以自己的生命为赌注，确认了父母对自己的爱。但如果父母从此又疏忽了呢，孩子会不会加倍寂寞？"还没有，想休息一段时间。我自己好像也消耗了不少心力，需要休整一下。"母亲也在一旁点头附和。

戒掉滥用有机溶剂、毒品的方法，说来只有强制戒毒或收监了吧？不过，父母的爱也必不可少，否则，即便保住了性命，灵魂还是没有的。

（薮添隆一）

05 飙 车 族

什么是飙车族

战后，日本一些富裕的年轻人，开始买摩托车飙车，并一时成为一种风气。他们的身影可以在石原裕次郎在日活公司主演的电影中看到。

飙车族的始祖是雷族。当年，雷族都是些家境优渥的公子哥儿，他们成群结队地骑着摩托车，发出震耳欲聋的响声，在大街上飞驰而过，其中不无炫耀色彩。现在，任谁都买得起摩托，飙车族的飙车又是出于什么样的心理呢？

有纯粹飙车的飙车族，有随着震耳欲聋的乐曲表演的飙车族，也有将摩托车改装，并安上大音响装置，放出特大噪音扰民的飙车族。总之，飙车族的表现、流行样式各种各样。尤其是随着摩托车技术的进步，飙车族似乎更是一种时尚，而不是为了单纯追求速度。

以前的飙车族是有组织性的，每个团伙都有自己的规则和要求，成员之间有明确的上下级关系，也即以加入团伙的时间先后为序。这与成人的反社会组织，如“某某组”略有不同，后者有明确的师徒关系，类似家庭组织。

不过，近来飙车族之间的人际关系日益淡薄，更多的情形是在某个地点聚集，然后喧闹一通，呈现暴徒化的倾向。飙车族内部不再是人际互动较多的一对一的关系，而是一人对多人的关系，以避免相互之间发生过多的冲突和纠纷。这就像一些学生逃避学校组织的课外活动，而喜欢与志趣相投的同伴一起玩一样。飙车族日益暴徒化，对普通市民的危害也增大。他们失去了从前的江湖义气，不欺凌良民的信条也不再起作用。有时，仅凭一时之兴，就对普通市民施以集体暴力。这样的事例不止一起。

飙车族的心理

在国家处于动荡的时期，不会有飙车族。日本自明治维新以后，一直战事不断。雷族的出现，是在战后混乱期结束以后的事。

日本在明治以前也有过太平时期。那时，当然没有摩托车，也不存在飙车族。不过据说也有一些纨绔子弟在大街上昂首阔步、招摇过市，当然也是为了出风头、满足虚荣心了。其装束极其花哨，据说歌舞伎的动作、服装和化妆都由此而来。

问起一位正处于监管考察期的飙车族少年，“为什么不大半夜到乡村公路上去飙车呢，或者到山区公路上去？那些地方没有巡逻车。”少年一口道出心声，“正是有巡逻车才飙车，有观众才飙车！”他们正是现代的“纨绔子弟”。

在四国高知市的一个山顶上，有一个瞭望台，可以俯瞰远方湛蓝的大海。在山顶停车场，一位警察正在收拾地上散落的易拉罐，那是飙车族们扔下的。我上前搭讪，“像这么偏僻的地方，飙车族们也会来啊?”“来练习和集会吧。”看来飙车的舞台还是在市区。警察还说，高知市的夏日祭从昨天晚上就开始了，大约这阵子不会有飙车了。

当天晚上，我看到了夏日祭，对警察的判断深有同感。一辆大型卡车上搭建了舞台，作为花车，上面还有一个朝向后方的巨大的扩音器。花车后面，是一个由100多人组成的舞蹈队，一位年轻人正站在花车上打着拍子，指挥着。花车上还有一个乐队，正在演奏他们自创的狂欢节曲子。花车缓缓而过，发出震耳欲聋的响声，似乎连马路两边的房屋都跟着震动了。一辆花车过去了，又来一辆，这次是摇滚；接着又是一辆，是桑巴。花车接连不断，演奏的乐曲也各不相同，舞蹈队的风格和服装更是迥异。聚光灯下，男孩子们无一不显得勇猛、刚健，女孩子们个个散发出青春的光彩。也难怪他们吸引了全国各地的游客，成为各地争相效仿的对象。

第二天，在高知县的教师研修会上，我发表了题为“未成年犯罪”的演讲。其间，我开玩笑说，“每月举办一次夏日祭，不就可以预防未成年犯罪了吗?”下面的人哄堂大笑，有一个人还笑着说，“那高知市还不得垮了!”

所谓祭，就是在特定的时间、空间下，再现神话时代的传统文化，缓解现实世界的压力。这与游戏疗法有异曲同工之妙。游戏疗法也是在特定的时间和空间里，让患者自由地做游戏，充分展现其内心世界。在游戏疗法中，心理医生充当着守护心灵的角色；同样，在夏日祭中，强大而神圣的“神灵”也充当着守护的角色。

遗憾的是，在今天的日本，宗教信仰已非常淡薄，人们已很难相信有超越人类的神圣存在。既然“神”已不再，那就只有靠“人”来守护人们自己的心灵了。一年一度的夏日祭为年轻人们提供了释放压力的时空，而为之忙前忙后的大人们，也可以说是“代神操劳”了，发挥着“神”的作用。所以，如果每月举行夏日祭，高知市会破产的说法也就不足为奇了。警察们每晚要巡逻，预防飙车，为飙车族们收拾残局，发挥着“神灵”的作用，同时还要保护市民的日常安全，他们所付出的辛劳是巨大的。飙车不分时间、地点，绝不是释放压力、发散过剩精力的正当手段，是扰乱市民生活、威胁市民安全的犯罪。

飙车族的应对

培养男孩子离不开父性。本书主编东山纮久先生将父性概括为“不动摇、不逃避、不拘泥细枝末节的爱”。反观现代人的育儿方式，成人社会的功利主义和利己主义已渗透其间，父母、老师的父性正在丧失。一个人如果过分追求个人幸福，就容易迷失人生方向，不知道自己因何而生，因何而死；对个人得失斤斤计较，人生就会少份浪漫情怀。年轻人不惜冒着生命危险飙车，挑战警察的权威，其反对成人社会功利主义、利己主义的心理可见一斑。生命固然可贵，可什么是值得全身心投入，以至献上整个生命的事业呢？男孩子们需要明白这点，否则就不可能成长为真正的男子汉。

那么该怎样培养呢？那就是以“不动摇、不逃避、不拘泥细枝末节的爱”，即父性来培养。飙车族们既敌视又离不开（心底里爱恋着）的警察，对他们来说，就是父性的代表，但警察取缔飙车，实际上只是职责所在。要让飙车族们洗心革面，重新做人，还需要付出全身心的爱，甚至赌上自己的生命，这个存在就是父母，或监护人。孩子不仅需要改邪归正，还需要学会爱自己和爱他人。

还有，飙车族为什么选择在夜间活动呢？因为暗夜孕育着邪恶，适量的恶也可以说是一种免疫力，是培养男子汉必不可少的一种元素。在芥川龙之介的小说《罗生门》中，平安京的罗生门门楼上，弥漫着因战乱、饥馑而生的死亡气息，一位饿得摇摇晃晃的年轻人爬上楼来。黑暗中一位老太婆正在死尸堆中扒衣服，年轻人出于义愤，将老太婆赶跑，可他自己最后却又追上去夺过老太婆手中的赃物，跑进无边的暗夜里。变成恶汉的年轻人力量横生，与罗生门外那善良、懦弱、无助的样子形成鲜明对比。芥川龙之介把年轻人描述成充满力量的男人。他在笔记本上记下了创作这篇小说的灵感：黑暗中滋生着什么。理性中恶的因素就隐藏在暗夜里吧？芥川龙之介是否想表示，在男孩子成长为男子汉的过程中，是否也伴随着某种恶的因素呢？

“恶”就像结核菌一样，如果孩子们在清洁环境中长大，就容易被结核菌感染。以身试恶，就如同打预防针一样。在成长过程中，自然地获得免疫力是最理想不过的。男孩子从小就喜欢冒险、争斗、恶作剧，保守小秘密，并从中获得乐趣，这也是获得心灵免疫力的过程，一定要予以理解。飙车族正是一群痴迷于恶的孩子。

（薮添隆一）

06 暴力行为

什么是暴力行为

青少年暴力在任何时代和社会都是备受关注的重大问题。从社会规范的角度来看，是未成年犯罪的问题；从个人心理的角度来看，是憎恨和仇恨的问题。因此，长期以来，如何解析和防止青少年暴力就成为急需应对的重要课题。但时至今日，青少年暴力依旧。因此，青少年暴力是一个既古老又常新的课题。

未成年犯罪大致可分为暴力型犯罪，如暴力、伤害等，和财产型犯罪，如盗窃、欺诈等。当然暴力行为属于暴力型犯罪范畴。无论是暴力型犯罪还是财产型犯罪，本人都在人际关系、自我评价、环境适应等方面特别不成熟，存在严重的心理扭曲现象。但两者在心理上，特别是在自我评价和人际关系上存在明显差异。财产型犯罪的人大多缺少生气、表情呆板，只对被动接受型的娱乐，比如看电影等感兴趣；时常情绪低落、无精打采，感觉迟钝；自我评价低、自卑、小心翼翼、态度谄媚。与之相反，暴力型犯罪的人则性格活跃、痴迷于冒险或享乐活动、为人轻浮，表现出满不在乎的神气，但实际上却敏感而又容易兴奋、自我评价过高、妄自尊大、态度叛逆。

孩子的暴力行为一般始于青春期。现在，也有小学四五年级的孩子就开始出现暴力倾向。从社会的角度来看，这当然是“恶”；可从个人的角度来看，这却是他们确立新人格的一个过程，是蜕变期的挣扎。从心理成长的角度出发应对暴力行为，也是帮助孩子们重新做人的关键。

暴力行为的原因

孩子如何抑制本能需求，其心理机制从何而来？孩子正是在父母或师长的熏陶和言传身教下，在潜移默化中，自然而然地接受了他们的价值观、文化，从而自动形成抑制本能需求的心理机制。在临床心理学的精神分析学派中，这种心理机制被称作“超我”，良心和道德就是超我的表现之一。大多数不良少年和犯罪者的“超我”仍停留在未成熟的状态，因而他们的憎恨和仇恨难以受到抑制，结果直接转化为暴力行为。实际上，在当今的日本，因“超我”而生的社会问题，除不良行为和犯罪外，还表现为家庭暴力和校园暴力，这在前面章节中已作介绍。

具体来说，“超我”是如何形成的呢？幼小的孩子常常将自己的失败归咎于他人或周遭的事物，比如说被石头绊倒了，就会怪罪于石头。下面就以此为切入口，介绍孩子的“超我”是如何形成的。

现在孩子被石头绊倒了，怪罪于石头。妈妈怎么办呢？妈妈不是批评孩子，说是他自己不小心造成的，而是完全附和孩子的说法，同意是石头不对。孩子得到安慰，情绪就会平静下来。同样，当孩子怪罪他人时，妈妈也附和孩子的说法，同意是他人不对，而不是孩子的错。可是，当孩子的情绪或攻击已经超过一定限度，妈妈的安抚也不再起作用时，就该爸爸出场了，爸爸必须予以制止。爸爸凭什么制止孩子呢？当然不是凭力量优势，而是凭坚定的信念。爸爸一贯言行一致，以身作则，拥有强大的人格力量，这就是信念的源泉所在。孩子在父母的培养下长大成人，父母也因孩子才成长为真正的父母。不论是爸爸还是妈妈，都只有坦率地承认自己的失败，虚心向孩子学习，才能成长为真正的父母。

所以，孩子未形成“超我”，首先在于妈妈未完全接受孩子，其次是爸爸的制止乏力。缺乏父母任何一方的教诲，孩子都难以形成“超我”；如果只有爸爸的严厉制止，那孩子的“超我”也只能是空中楼阁。

暴力行为的应对

关于应对方法，从以上内容就可看出，就是与孩子建立、维系亲密的人际关系，并使之进而发展为相互信赖的关系，从而培养孩子健全的人格和自主性，使之学会约束自己的行为。当然，要形成健全的人格，还需消除家庭环境、社区环境和其他相关环境中的不利因素，并拥有相应的外部力量来制止、处罚暴力行为。

当然，与有暴力倾向的孩子建立亲密的人际关系极其困难，因为他们心中的憎恨和仇恨远非一日所积。开始时，孩子可能表现出强烈的敌意，将自己的责任一概推诿给父母和社会，完全没有良心的谴责和罪恶意识。对这样的孩子，也一定不要轻言放弃，要耐心地、持之以恒地与之交流、交往，直至建立亲密的人际关系。

（杉野要人）

07 说　　谎

什么是说谎

所谓说谎，就是指向他人传达，且使其相信的与事实不符的语言信息的行为，目的是逃避责任或处罚，或为获取某种利益。而说谎成瘾的现象则被称为谎言癖。人们常说，“说谎乃大恶之始”，就是告诫人们说谎是堕落的开始，不可等闲视之。说谎大致分为三种：知道自己所言与事实不符的有意识说谎，不知道自己所言与事实不符的无意识说谎，以及病态的说谎。

一般认为应将儿童的说谎与成人的说谎区别对待，因为两者在方式上有很大不同。成人的说谎，以有意识的占大多数，而骗人钱财的欺诈就是最明显的例子，本人完全清楚自己正在说谎。当然，也有一些人虽然已经成年，可仍然残存孩提时代的特性，喜欢空想和编故事，说出的话与事实不符。最后就是病态的说谎了，本人并没有欺骗他人的意图，甚至也几乎相信自己所言是实。其目的更多是为了满足自己的愿望，比如吸引他人注意，得到赞美等。因此，病态的说谎更多地被视为人格障碍的一种表现，而不适用于正处在成长阶段的孩子。

孩子可能难以区分现实和空想，或者因为语言表达、思维的未成熟，而出现所言与事实不符的情况。有的孩子可能把咖喱饭、麻婆豆腐和炖牛肉都说成是咖喱，这对处于成长期的孩子来说是正常的。还有，在玩耍时，孩子也可能难以区分空想和现实。最后，孩子从三岁起开始形成自我，有时也可能为了逃避责任而说谎，以蒙混过关。在某种意义上说，这也意味着孩子的智力发育了，甚至已经达到编造谎言的水平。有的孩子甚至常常编造谎言，目的是为了逃避责任、免受斥责、保护自己。因此，这样的说谎也可以看成是孩子为保卫自己领地而作的一种挣扎，以反抗父母或其他相关人士的过度干涉，或对孩子的敷衍、不诚实。

说谎的心理

如前所述，孩子的说谎很少被视为病态行为。但发现自家孩子说谎时，做父母的难免会震惊，以为是自己没有把孩子教育好。

面对孩子说谎时，父母总是忍不住要当面质问，“为什么说谎呢?”在日本，自古以来，诚实就被视为美德，正如民间故事中，诚实的老爷爷最终会挖到财宝，得到回报一样。可是，在小学和中学班级里，一些受大家欢迎的孩子大多是擅长讲笑话，也就是擅长编点儿小小的谎言的孩子。而在拒绝上学的孩子中，倒是有不少从来没说过谎，也不会说谎的孩子。虽然说谎不好，但如果是不否定对方、调侃程度的笑话，则可使人际关系变得融洽。

另一方面，对父母说谎的孩子，有的是父母管得太严，为确保自己的自主性而说谎；有的则是因为父母或相关人士的关注太少而不得不说谎。孩子说谎，如果是为了确保自己的独立性、自主性，则父母需要反思，是不是自己管得太多、干涉过度？而对孩子过于疏离、缺乏关注的父母，是否也应给予孩子更多的爱呢？无论是保护过度还是疏离，都可能导致孩子说谎。

同时，孩子还可能对朋友、老师说谎。如果相应的人际关系得到改善，说谎的现象也会自然消失。毕竟有意识的说谎，还需时时想着如何去圆谎，这也是相当耗费精力的。谎言会不会露馅儿呀，始终提心吊胆。以谎言维系的人际关系，一定是哪儿出了问题。是因为谎言影响了人际关系，还是恶化的人际关系使人不得不说谎？这个问题就像先有鸡还是先有蛋的争论一样，没有终结。不过，无论如何，应对孩子的说谎，与其过分关注谎言的内容，还不如首先改善相应的人际关系，反而会起到事半功倍的效果。

改善人际关系说起来容易，但实际上行动起来并不那么简单，它需要改变一直以来的人际互动模式。可以带孩子到儿童乐园，或出去兜风，增加与孩子一起玩耍的时间。但更重要的是要了解孩子对什么感兴趣，又讨厌什么，从而配合孩子，应对孩子的需求。只有这样，才能真正理解孩子。孩子得到理解，就会自发地喜欢、信赖对方。喜爱、信赖之情正是改善人际关系的最佳途径。

说谎的应对

说谎往往源于不融洽的人际关系。比如，有的父母可能哄骗孩子，“究竟是怎么回事儿？你说出来吧，我们既不会打你，也不会骂你的。”可等孩子说出了实话，又立即翻脸，“看吧，就是说谎了吧，说谎的孩子最讨厌!”父母本想教育孩子不说谎，可这样出尔反尔的做法，怎么能起到教育的作用呢？孩子更会变得无所适从，与父母的心理距离也会越来越大。说了实话，换来的还是责骂，那下次可得把谎话说得更高级点儿!

其实，孩子说了实话，应该让孩子觉得更轻松，得到了父母的理解；同时，也应该让孩子明白，说谎有时也是不得已而为之，也是可以容许的。同样，对于孩子开玩笑性质的谎言，也没必要大动肝火，而应从容应对，与孩子共同戏谑，从而增进亲子关系，促进孩子情商的发育。

面对孩子的说谎，怎么都觉得难以忍受时，可否问问自己的内心，究竟是什么原因呢？是否有以下情况：为孩子的将来感到不安，担心孩子被其他人认为是坏孩子，担心人家说自己教子无方。对于将来，任谁都会感到不安的。也许有的父母会担心，孩子将来要是专门坑蒙拐骗怎么办？其实，与其说是担心孩子的未来，还不如说是因震惊而心生不安：孩子怎么能对自己说谎！自打孩子落地，自己对他的一点一滴无不尽知，可现在……其实，孩子一天天长大，自然拥有自己独立的人格。在养育孩子的过程中，做父母的总是容易忘却这一点，仍然待之如初生的赤子。谎言，也许正是孩子发出的信号："爸爸妈妈，我已经长大了！"对此，父母该如何应对呢？当然不是从此撒手不管了，而应为孩子的成长感到欣慰，继续陪伴他长大。

其次，担心他人对孩子或对自己的教子方法有不良看法，则有点儿本末倒置了。关注的焦点应该是孩子。从心理的角度来看，孩子故意说谎时，一定有其不得不说谎的理由。孩子是不是希望谈论自己，成为大家关注的中心？那么，就静下心来倾听孩子的诉说，直到他说够了为止；如果孩子害怕挨打，就不再用打骂的方式，而用语言来沟通。如果孩子的愿望得到满足，或孩子得到保护，那么就不再需要谎言了吧？孩子的说谎自然也会随之减轻。

另外，孩子无意识的说谎，则可能是介于现实与想象之间的空想。特别是对于幼小的孩子，一定不要不分青红皂白地批评，要耐心守护他的成长。随着年龄的增长，孩子自然会分清想象和现实，此类说谎也会减少。否定幼小孩子的空想游戏，无异于剥夺他的想象力。耐心、宽容地守护孩子的成长吧。

（小松则子）

08 逆反、反社会行为

什么是逆反、反社会行为

所谓逆反，就是对成人社会的规则、规范持反抗、抵制或排斥的态度或行为。从成长的角度来看，逆反也意味着孩子自立意识开始萌芽，不再全面依赖父母了。孩子幼小时期的逆反是值得肯定的，但青春期后发展成反社会行为则需予以应对了，当然也需从成长的角度出发。

逆反、反社会行为的原因

孩子为什么会做出反社会行为呢？从心理的角度来说，这大多与其成长的家庭背景有关。每个家庭都有其各自的挑战和困难，孩子也不可避免地承受着相应的压力。当孩子承受的压力超过一定限度时，就可能难以控制自己的冲动或本能需求，从而出现反社会行为。因此孩子的逆反行为或态度，并不只是一时冲动的表现，同时也是家庭压力的反映。

从家庭环境来看，孩子出现反社会行为的原因有：家庭教育极为严格或家庭内存在严重问题，父母排斥、放任或虐待孩子。当父母对孩子极为严厉时，孩子本应表现的本能需求或冲动就可能被极度压制，但到了青春期，随着第二性征的出现和身体的急剧变化，孩子的自立意识开始萌芽，对父母的心理依赖也逐渐减弱；同时，也开始反抗父母或其他权威，内心被压抑的冲动就集中爆发出来。同样，被父母排斥、放任或虐待的孩子，到了青春期，也可能变得尤其桀骜不驯，出现反社会行为。

孩子可以说是在以父母为中心的权威的压制、排斥和控制之下成长起来的。因此，针对权威的逆反行为和态度，也是努力挣脱束缚、获得自我解放的表现。逆反行为也容易变成攻击性的，因为青春期的孩子情绪原本就不稳定。在难以控制自己的本能需求、冲动的时候，就可能直接出现反社会行为了。

这种强烈的内心冲动是青春期孩子面临的共同课题，并不仅限于逆反的孩子。但是，如果有母亲包容一切的爱，那么孩子的情绪就会变得稳定；同时又有父亲施与的适当的社会约束，那么从内心深处涌起的冲动和本能需求就会以社会认可的形式表现出来。孩子学会自我控制，自然就不会发展成反社会行为了。

逆反、反社会行为的应对

孩子的逆反主要是针对父母及身边其他大人，但大多数孩子17 岁后情绪变得平稳，逆反情形开始减轻。随着年龄的增长，孩子内心深处涌出的冲动和本能需求也相对平稳下来，孩子也学会更好地控制这种冲动，因而也可以通过社会认可的方式表现出来。当然也有一部分孩子仍然难以控制自己的冲动或本能需求，做出反社会行为，这就需要读取孩子反社会行为背后隐藏的信息，改善家庭环境，耐心守护他的成长。

从某种意义上来说，孩子的反社会行为也有积极的一面。它将孩子积压在心底的心理伤害表现、发散出来，对孩子的成长无疑是有益的。但如果反社会行为超过一定限度，就可能对孩子造成难以弥补的伤害。这时，就需要父母充分发挥作用了。在家里，有母亲包容一切的爱，有父亲不可动摇的社会规范的约束，孩子就可能顺利渡过这个难关。相反，如果一味姑息、容忍孩子的逆反行为，则可能使孩子放任自流，攻击性行为、态度愈演愈烈。

另外，有反社会行为的孩子，其反抗也可能针对其他权威，因而单纯的心理治疗并不一定有效。这时，孩子可以一度离开父母，在特定的环境中培养人际信赖关系，同时疗治心理的伤害，缓解内心涌起的攻击性冲动。假以时日，一般都会得到改善。

（森田喜治）

09　不良性行为

性欲及性行为本身，是人类作为动物的本能而且是再自然不过的生理现象。在日本，二次大战前的情况不得而知，现而今，即便在性关系上有点儿太过自由、太过开放，但也不值得大惊小怪，或是一味谴责，更不至于视之为洪水猛兽吧？确实，在日本，在性自由、性开放的社会背景下，有不少男性将女性视作性商品，以享受女色为乐；也有男孩子从充斥市面的成人影片或色情杂志中获得代偿性的满足。

而且，在现今的日本，只要稍稍有点勇气、金钱和手腕，在大街上搭讪、引诱女孩子也不是什么难事。现今的女孩子对异性的引诱也少有反感，对性的态度也很开放。在日本，一些初高中女生以“援助交际”为名，与中年男性交往，也早已不是什么秘密。

那么，在关于性的各种纷纭世象中，对少男少女们来说，究竟什么样的行为属于不良性行为呢？

男孩子的不良性行为

首先谈谈单独作案的情形。这样的男孩子往往性格内向、敏感、自卑，对自己的身体或能力没有信心，即便想和同龄的女孩子交往也往往难以如愿。看到周围的其他男孩子都有女朋友了，自己还是孤身一人，因而心里难免感到不平衡。这样的孩子大多是听父母的话的“乖孩子”，性的觉醒也较迟。但是到了青春期，也会出现自慰行为，或是瞒着父母偷看色情杂志或成人影片。如果这样能够得到满足，那也就“万事大吉”了。可有时性冲动还是一味高涨，甚至难以克制，结果又会怎样呢？

这样的孩子往往单独犯案。他们可能瞄准看起来可以任凭自己摆布的幼女，让她们裸露身体，玩弄她们的性别特征部位，进行强制猥亵行为。也有的会尾随女性，窥视她们的居室，偷走她们晾晒的衣物或内衣，犯下窥视或盗窃行为。更有甚者，尽管比较罕见，则可能丧心病狂般地在路上袭击女性，实施强奸。

此外还有团伙犯案的情形，一般都是随大流而为。其典型案例就是飙车族或其他类似团伙实施的强奸（轮奸）行为。有的团伙里有带头的，有的没有，大家都是平时一起玩的伙伴。一个人不敢为之事，一旦成为团伙，胆子就大了，就可能轻而易举为之；或者受当时气氛影响，自己一个人只有从众。大家一起飙车，一起吸食有机溶剂，一起搭讪、引诱女孩子，渐渐地，在罪恶的道路上越滑越远。

他们引诱女孩子的方式也越来越大胆，越来越带胁迫性，几乎和强奸没有区别，有些甚至直接以实施强奸为目的物色女孩子。而胁迫受害人的手法，几乎都是从成人影片中学来。实际上，也有以完全再现成人影片情节为目的而作案的。

无论是单独犯案还是团伙犯案，一旦得手一次（强奸），尝到了甜头，就会反复作案，直至被逮捕。特别是他们还错误地认为，“其实女性也和自己一样，愿意发生性关系，甚至偷偷地希望自己被强奸。”他们受这种错误思维，即所谓的强奸神话毒害，并以此替自己的罪行开脱责任。

女孩子的不良性行为

女孩子的不良性行为，主要有不正当性关系和卖淫问题。前者在法律上被定性为疑似犯罪行为，尽管并没有触犯刑法，但本质上就是卖淫，或者有发展成卖淫的危险。

对于女孩子的这些不良性行为，在日本，也许并不存在加害者和受害者的问题，但法律一直是从保护未成年女性的利益出发而制定、实施的。现在，人们的性观念、性行为方式发生了很大变化，那么，究竟该如何辨别、应对女孩子的不正当性关系和援助交际呢？关于不正当性关系，将在“关于性的问题”一章中专门介绍，下面主要谈一谈伴随卖淫行为的援助交际问题。

确实，援助交际并不一定都是卖淫。有的可能只是一起见见面吃个饭，或者只是去唱卡拉 OK 或到游戏厅玩玩而已。也就是说，援助交际的目的和动机，并不一定都是通过性行为换取金钱，对这一点应加以区分。

而且，即便是有卖淫行为，其行为方式也与有组织的卖淫活动不同。援助交际的女孩子可能根据自己的喜好和条件选择男性，比如通过电话俱乐部或交友网站，物色好人选后再进行交际。而在交际中，“占了便宜就跑”、“不照单付账”的情形也屡见不鲜。从这一点看，在性问题上，似乎女性更容易成为受害者。

那么，驱使女孩子走向卖淫的动机究竟是什么呢？宫台真司将其分为以下六种类型：①想结识更多的男性，更多地了解社会，即交流型；②想证明自己不仅仅是差生或书呆子，即变身型；③对严厉的父母，或对自己不够关心的男友的反抗，想做出点出格的事情给他们看一看，即反抗型；④为赚取游玩所需的费用，如去夜总会、卡拉 OK 等娱乐场所的花销，或为赚取不落伍于同伴的服饰费，即同伴型；⑤以冲动购物消解烦躁和空虚，即冲动购物买单型；⑥纯粹物欲型。

根据宫台真司的说法，对交流型、变身型、反抗型来说，金钱只不过是借口；而同伴型、冲动购物买单型则是因金钱的需要；纯粹物欲型的情形极少。

不良性行为的应对

现今，“只要相爱就可以发生性关系”的观点似乎已然成为时代主流。而“明明不再相爱，却仍然捆绑在一起的父母，不是更亵渎爱和性吗?”一些女孩子以此为借口，为自己的援助交际辩护。在这样的时代，作为父母，可真是够难的了。

丈夫该如何爱妻子，妻子该如何爱丈夫，也即男女之爱究竟是怎样的，父母是否应该在日常生活中给孩子做出表率呢？那么，长期以来，日本男性将女性视作发泄性欲、满足自己支配欲的对象的卑劣态度和价值观，也应该彻底改变了吧。

另外，在日本，二战前或二战中出生的父母，一般很难在家里谈论有关性的话题，对孩子的性教育也总是能躲就躲、消极应对。而现今的年轻父母，似乎对性的教育比较积极了一些。确实，正确的性教育有利于让孩子了解性，树立健康的性观念，也可防止孩子在性压抑、性冲动下，做出“偷窥”、“偷内衣”等不良性行为。

但是，不可否认，在日本，一些做父母的，也错把性教育当成“宽松”、“开放”，不检点自己的行为。比如，有的父母若无其事地在上幼儿园或小学的孩子面前看成人影片，或是看后将光盘随意丢放，也不怕孩子可能看得见，造成不良影响。即便孩子的性意识已经“觉醒”了，那也有时机的问题。在性问题上，同样，做父母的首先应以身作则，为孩子做出榜样。

（藤田裕司）

10　动物虐待

什么是动物虐待

近来，动物虐待也成为人们常议的话题。在日本，不断有十几岁的少年犯下震惊全国的恶性案件，他们大多有虐待动物的经历，以至于动物虐待一时成为人们关注的焦点。故意打骂、伤害动物，或反复以残忍手段虐待动物致其死亡的行为，被称为动物虐待。当然，动物虐待还意味着这种行为可能进一步升级，甚至犯下恶性案件。

不过，回想自己与动物的相处经验可以发现，很多人小时候都喂养或捕捉过昆虫、小龙虾或青蛙什么的。有时因为喂养方式或玩的方法不当，这些小动物可能就死在我们的手里。但大多数人都会因此而体会到，即便是小小的生命，也应该珍惜，因而不会再故意伤害小动物，更不会变本加厉地虐待它们。

那么，不小心弄死了昆虫或青蛙，与动物虐待之间有什么区别呢?

孩子的成长与动物

大家都知道“万物有灵”、“众生平等”的说法。即便是一只小小的虫子，也是一条生命；无论多小的生命，也都和人的生命一样，应该同样得到尊重。这对大人而言是常识，但人们并不是在出生之初就懂得这一点的。人们是在成长过程中，从经验和大人们的教导中学会的。

幼小的孩子刚开始遇到昆虫时，会觉得它们是奇怪而有趣的玩具：小小的、拿捏方便、可以随意摆弄，在某种程度上还可以随意控制。即便死了不再动弹，也还可以轻而易举地另找一只。对他们来说，昆虫就是唾手可得、玩完就扔的玩具了。有时还会故意欺负它们，做出攻击性的行为，把它们当做愤怒或不满等负面情绪的发泄对象。正是在与动物的相处过程中，孩子通过切身体验，学会了分辨善恶，体会到生命的可贵。

攻击性也有其积极的一面，只是常常以负面的形式表现出来。河合隼雄（1997）指出，攻击性的表现在某种程度上还有利于孩子的成长，因为负面情绪长期郁积在心里，很容易造成心理失衡。孩子从欺负、杀死昆虫、青蛙等动物的经验中，体验到“失去某种重要东西”的悲哀，切身感受到“做了某种错事”的懊悔，并由此体会到生命的可贵，甚至加深了对人际的理解。所以杀生并不一定都是坏事。当然，要真正理解“生命的宝贵性”这一抽象概念，则需等到上小学高年级以后。因而，在教导孩子尊重生命时，也需视孩子的年龄而行。

动物虐待的原因及应对

那么，孩子欺负动物甚或致其死亡的行为是正常的吗？这并不能一概而论，因为在对象或行为方式上存在程度或本质上的差别。杀死昆虫和杀死猫、狗在本质上是不一样的。猫、狗与人一样，同是哺乳动物，自然是难以轻而易举地下手、取其性命的。同样，一不小心弄死昆虫和故意残忍地杀死昆虫在态度上也是完全不同的。在 1997 年犯下轰动日本的神户系列凶杀案的那位少年，据说曾给猫喂食水银，然后将其解剖，这可不是谁都能做得出来的！

有个被送到儿童福利机构的孩子，曾把哥哥当成宝贝的鹿角虫的腿给揪下来，扔到哥哥喝的咖啡里去。还有一个一直将自己关在家里、拒绝出门的孩子，将兔子养在自己的房间里，连父母都不让进来，最后却把兔子关进一个小冰箱里，将它活活冻死了。这样的行为就是异类了吧？但更重要的是，这些孩子为什么要这么做，这些行为意味着什么？

实际上，那位将哥哥的鹿角虫弄死的孩子，正受着哥哥的身体虐待。弄死哥哥心爱的东西，也算是一种间接的报复吧。而将兔子放进冰箱的孩子，则是因为父母正在闹离婚。他先是拒绝上学，继而发展到将自己关在家里，拒绝出门，而且任性地向父母提出各种要求。父母只是单纯地满足孩子的要求，并没有认真关注孩子，积极思考其中的原因。实际上，孩子并不是在单纯地追求物欲，他是希望父母能真正地关注、爱护、理解自己。杀死兔子的行为可以说正是孩子痛苦的表现。关在家里的自己，与关在冰箱里的兔子，其痛苦也许是同样的。这也许正是孩子发出的求救信号，“我是这么痛苦，救救我吧！”对孩子来说，被杀掉的兔子或许就是自己的化身。当然，把自己关在家里、拒绝出门的原因有多种，并不能一概而论。

总之，动物虐待的原因可能是：发泄自己的愤怒或不满，将自己所受的虐待施于第三方，将动物等同于自己的攻击对象，或是痛苦中发出的求救信号、需求的替代性满足、异常癖好，或因为疾病或残疾而不能理解自己行为的意义等。

尽管在成长过程中，任谁都可能有把虫子弄死的经历，但孩子出现虐待动物等行为时，首先还是应努力理解孩子为什么会这么做，出现了什么心理问题。虐待动物等异常行为正是孩子发出的求救信号。如果难以应对，可寻求专业人士的帮助，孩子、家人共同接受心理咨询，改善家庭环境。

（冨田忠明）

11 性 骚 扰

什么是性骚扰

在日本，性骚扰是一个比较新的词汇，在20世纪90年代才开始出现在报纸、杂志上。大多表示以性暗示的言语、动作，或性挑逗行为引起他人不快的情形。比如，可能以语言讽刺、展示图片、接触身体、纠缠，甚至进行强奸等。

1999年4月，日本在男女雇佣机会平等法的修正案中，新加入了有关防止性骚扰的内容。不难发现，性骚扰被视为职场上针对女性的性别歧视之一。当然，男性、同性之间也可能发生性骚扰。近年来，大学、中学校园的性骚扰问题也陆续浮出水面。

对于性骚扰的看法，无疑存在个人差异和男女差异。也许，原本是戏谑之意，或一直以来被视为再正常不过无可厚非的言行，也可能被人解读为有性暗示的意思而表现出不快，甚至被指控为性骚扰。人们对性骚扰的感受、理解不一，也许自己不知道什么时候就成了加害者。

针对孩子的性骚扰可发生于各种场合，方式不一，比如在僻静的公园、街道，熙熙攘攘的闹市，甚至在学校或家庭里。有可能是装作不经意的碰触，也可能是程度更甚的强吻、身体触摸，当然后者性暴力的因素明显，也许视为性虐待或性侵害更恰当。加害者也并不尽限于陌生人，有时可能是学校的老师、教工，其他孩子，甚至是亲戚、家人。

日常生活中孩子遭遇性骚扰包括以下两种类型。

一是语言方面的性骚扰。比如，在体检测量身高、体重时，直盯着学生的胸部说“好大的胸啊”；对体育课上因月经期而请假的学生，一个劲儿追问月经周期的情况；或是取笑第二性征等身体变化，吹嘘自己的性经验；对遭遇流氓的孩子说，“谁叫你晚上去那样的地方”，“谁叫你穿超短裙呢”，强调受害人也有责任；对参加完体育运动或体力劳动后感到疲倦的男生说，“男子汉大丈夫的，这点儿活就累了”之类的。

二是行为方面的性骚扰。比如，故意触摸对方身体或衣服，或是紧盯着看；男老师嚷着热，脱光上衣在女孩子面前上课，或指导课外活动；故意在教室张贴泳装挂历，明明知道有学生厌恶；让学生给自己揉肩按摩，或是一而再，再而三地要求约会，或是在电话或信件中发出有性暗示的信息；或是要求女生做清洁，说“女孩子应该眼里有活儿，哪用得说了再动啊，不然将来怎么嫁得出去”之类的。

性骚扰的隐蔽性

与成人相比，孩子遭遇性骚扰的情形更不容易被发现。首先是因为孩子懵懵懂懂，不明白发生的事究竟意味着什么，也无法用语言清楚地表达出来。如果对方说“这是游戏呢”、“要保密哦”、“如果说出去可是要挨骂的”，孩子即便感到不快，也可能不知道该不该表示拒绝，或者不知道该如何是好。如果对方再说“好孩子，不可以告诉别人哦”，那么孩子会觉得应该听大人的话，不管发生什么，都得保守秘密。

遭遇性骚扰的孩子一般会出现各种变化，尽管有年龄的差异。有的可能一五一十地告诉父母或朋友，也有的会因难以启齿而独自烦恼，结果出现各种生理、心理的症状，或神态、行为上的变化。因此观察孩子的身心状况、行为方式是确认是否有性骚扰的最好办法。比如，有的孩子可能拒绝去上幼儿园、学校，或是出现头痛、腹痛等明显变化。也有一些表现更复杂，比如，害怕、迷惘或呆滞的神情；心不在焉、容易陷入恐慌、抑郁；退行行为、夜尿、恶梦、睡眠障碍、食欲不振；回避身体接触、不愿接触人、争吵或暴力行为增多、情绪或人际关系不稳定；玩耍时反复出现与性有关的行为、成绩急剧下降、无精打采、离家出走、药物依赖；与并不亲密的不特定异性随便发生性关系、不良行为或反社会行为、自伤行为或想自杀……这些现象都可能是遭遇性骚扰的征兆。

其次，有些孩子可能已到了一定岁数，对于发生的事情，已朦朦胧胧或明确理解其含义，但对父母或周围的大人却难以言说，甚至只字不提。孩子可能觉得“羞人”，“不想让他人知道”，“也许会被指责”，“是自己错了”等而难以启齿。也可能觉得“反正不会相信我的”、“反正也不会帮我做什么”而放弃。

第三种情况常见于来自学校老师、教工的性骚扰，即害怕遭到报复，“不会影响自己的升学或成绩吧”，因而闭口不说。如果老师威胁“会在你档案里记上一笔”，则更是恐惧。有时老师甚至会让学生觉得“不说出来才是保护自己”。

第四则是害怕与伙伴们产生隔阂或被孤立。即便好不容易鼓起勇气说出来，也可能得不到大家的帮助，甚至被认为是“小题大做”、“喜欢打小报告”。如果是伙伴们之间的性骚扰，则可能被视为“出卖了朋友”。都可能因此而被孤立或欺负。

最后是性骚扰造成严重心理伤害，使人再也不愿提及。

性骚扰的应对

当孩子告知遭遇性骚扰时，一定要倾听孩子的诉说，理解他的感情，予以抚慰。可以给孩子一个亲密的拥抱，对幼小的孩子尤其应如此，告诉孩子“没有关系”、“不用担心”、“真是勇敢的孩子，能说出真相”，孩子的情绪会稳定下来，有利于事情的解决。相反，如果父母先乱了阵脚，惶然不知所措，“怎么办好啊”、“这也是没办法的事”，那么，孩子就可能从此缄口，不再寻求父母的帮助了。如果不问青红皂白对孩子一通怒骂，“你是在夸大其词吧”，“那点儿小事有什么呀，不要那么神经质”，“谁叫你到那种地方去的”，全盘否定孩子，孩子则会感到绝望。

注意倾听孩子的诉说尤其重要。让孩子以自己的方式表达出来，耐心倾听，努力理解他。不要慌乱，不要打断孩子的话，也不要过早下结论，要冷静、客观，让孩子慢慢诉说。遭遇性骚扰后，即便孩子的情绪平复下来，也应尽量陪伴，不要让他一个人待着。

然后，和孩子一起探讨应对方法，“现在可以做什么呢？想怎么做呢?”会对孩子很有帮助。如果可能，不论是否向其他人咨询，也尽量向孩子问明具体情况和细节，收集准确的信息。当然是等孩子情绪平复下来以后，而且是在孩子愿意说的前提下。提问的时候不要拐弯抹角，要言辞简洁、直截了当。对于听取的内容，可将要点记录下来。迅速、积极的应对，可以有效防止事态进一步恶化和扩大。

但即便确定是性骚扰，也可能难以对加害者提出抗议，或向其他人咨询。会不会遭到报复呢？事情会不会变得更糟？会不会传出去呢……任谁都会有诸如此类的担心。但不采取行动，事情就不会得到解决。如果置之不理，孩子就会抱着不快和羞愧的心情度过每一天。另一方面，如果还没有弄清实际情况，就先入为主地认定加害者，则可能将事情弄得更糟。因此，要保护、帮助自己的孩子，就一定要保持冷静，同时果敢地行动。

具体措施包括以下四点。

（1）直接向加害者提出抗议

孩子本人可以口头或信件的形式向加害者传达自己的意思，一定要明确，不可因为害怕激怒对方而语焉不详，当然也没必要将对方大骂一通。

（2）向信得过的人咨询

有时，自己可能很难做出准确判断。不妨找个人倾诉一下，自己的情绪可以平静下来，也可进行冷静思考。当然，有时确实是旁观者清，可以帮助做出冷静的判断。

（3）向学校或其他机构咨询

如果上述两种方法都没有效果，不妨向学校负责心理咨询的老师，甚至校长反映情况。在日本，各级教育部门、教育中心、妇女中心，都设有专门的咨询机构，可以提供专业咨询。另外，也有专门应对女性或性骚扰问题的网站、团体或机构，可以提供电话咨询，或介绍相关的机构，无论是否收费。

（4）向律师咨询

各地的律师协会或律师事务所，可能有熟悉性骚扰问题的律师，也有接受电话咨询的。

但是，当孩子的身心健康或生命受到严重威胁时，比如有自杀倾向、自伤行为、情绪严重不稳、拒绝出门或严重的身体症状，则应马上进行心理治疗，甚或药物治疗，并向警方通报。心理治疗或咨询可能采取游戏疗法。此外，针对性侵害或性骚扰事件不断增加的情况，在日本，不少地方还专门配备具有相关专业知识的女性警官，以便为女性或孩子提供帮助。

加害者的应对

关于性骚扰，加害者往往会说，“完全没有那种意思”，“只不过是开玩笑”，“明明是出于好意、友好”。看见调皮的小男孩搞恶作剧，去掀开小女孩的裙子，是不是有人会觉得好可爱？但如果女孩讨厌这种行为，那就是名副其实的性骚扰了。即便对方不讨厌，根据刑法或未成年法，这样的行为也可能构成猥亵罪或性虐待罪。

仅仅是出于好意或为了吸引对方注意的行为，也可能引起对方不快。这一点，即便是幼小的孩子，也应该明白。一个人的快乐不能建立在对方不快的基础上。有时，小孩子可能会疑惑："这也是性骚扰吗?"可以告诉孩子，"想象一下，如果发生在你身边其他人或对你来说重要的人身上，你会是怎样的感受呢?"如果孩子有性骚扰行为，不可惩罚，而应根据年龄进行教育，要明确指出"不可进行这样的行为"，同时也要告诉他"这并不是谴责和否定你本身"。然后再倾听孩子的诉说，和孩子一起找出解决的办法。如果孩子给他人造成较大伤害，要告诉孩子，父母会帮助他的。

性骚扰是关于性的问题，性的问题也常常被说成是生命的问题，然而不可否认的是，当今社会也是一个性泛滥的时代。即便小小年纪，也可能认为性是害羞的事、讨厌的事，是肮脏的、是不可以好奇的。平时亲子之间就性的问题进行交流，不仅可防止性骚扰，而且也有利于孩子的健康成长。

（良原惠子）

第9章

关于身体的问题

01　身体与心理

什么是心因性疾病

早晨孩子要出门去幼儿园或学校前，突然脸色发青，说自己“肚子疼”，休息一会儿却又好了。是不想去上学才说自己肚子疼的吧？虽然是说谎、装病，还是得去看看医生，以防万一呀。可经过一番检查也没查出什么，医生给出的诊断结果是“哪儿也没有毛病”。但对孩子来说，明明就是肚子痛嘛，父母居然不当回事儿，甚至在医生面前说自己是说谎、装病，也不管与医生是否熟悉，而且医生也说没病，孩子心情的难受可想而知。有时也可能被诊断为心因性疾病，从而被视为脆弱、可怜的孩子，父母也可能自责，是不是自己的养育方式错了，甚至遭到他人的指责。这就是心因性疾病发病之初的典型情形，让人无所适从。

心因性疾病的病名已渐为大家所知，但不可否认，时至今日仍然容易被当做假病或装病，在医疗诊断中，也可能被归到心理性疾病的范畴。1991 年日本心身医学会指出，心因性疾病是指在身体疾病中，其发病或病程表现与心理、社会因素关系密切，出现身体的器质性或功能性症状，但不包括伴随神经症、抑郁症等心理性疾病而出现的身体症状。

心因性疾病并不是某种具体的疾病，而是在诊疗某些身体疾病时，需要特别考虑心理社会因素，因而将其列入心因性疾病的范畴。所以心因性疾病并不是疾病的名称，而是表示对疾病的把握视角。比如支气管哮喘，婴幼儿可能因为支气管的过敏或感染而发作，但一般并不被视为心因性疾病，但小学生因为学习或朋友问题而出现症状恶化的情形，医生则可能在病例上记载“支气管哮喘（心因性疾病）”，表示需要从身体、心理和社会层面予以全面应对。

神经症、抑郁症也出现身体症状时，与心因性疾病确实可能难以区分，但前者的根源在于严重的心理障碍。例如焦虑症、疑病症、抑郁症等都可能出现身体症状，尤其是癔症，身体症状更加明显。癔症也就是通常所说的歇斯底里，但与人们常说的“女人的歇斯底里”不同，是一种真正意义上的心理疾病。癔症发作时，会出现丧失意识（失神）、不能站立（失立）、不能走路（失步）、不能发声（失声）、痉挛等运动障碍，或出现眼睛看不见或看不清（视野狭窄、半盲）、听不见等感觉障碍。有时，因为难以摆脱严重的心理伤害，甚至转化为癫痫。孩子中也有患抑郁症的，也可能出现身体症状，有时身体症状表现明显，甚至让人难以察觉隐藏其下的心理障碍。

但有些药物也同样可以治疗伴随神经症而出现的身体症状，同时科学研究证明，抑郁症患者大脑内存在氨代谢异常，所以不论是神经症还是抑郁症，也都存在身体疾病的基础。也许，在将来的某一天，身体和心理之间的病理机制完全解明后，心因性疾病和心理性疾病就不用那么严格区分了吧。确实，目前国际上对心因性疾病尚无严格定义。

心因性疾病的原因

那么为什么会出现心因性疾病呢？首先是体质、素质性的危险因子，其次是易于发病的生理、心理性亚健康状态，最后是直接造成压力的应急源，三者共同作用，当个体难以应对时就会出现心因性疾病。具体来说，危险因子是指一个人的体质、性格等，而亚健康状态则是指存在的身体问题、疾病，心理问题或精神疾病等。最后，身体是如何在压力下发生变化的呢，近年来这方面的研究也取得较大成果。简而言之，就是大脑皮质识别出作用于个体的心理、社会应激源后，大脑会发挥各种作用，导致自律神经系统、内分泌系统、免疫系统等发生各种变化，从而出现脏器的病变或功能异常。

人们对压力的认识和感受方式各不相同。与大人相比，处于成长阶段的孩子更难以应对压力，具体表现为：①因为身心尚未完全分化，因而压力容易以身体症状、癖习或异常行为的形式表现出来，幼小的孩子更是反复出现身体症状；②对压力的应对能力因年龄、性别而不同，年龄越小的孩子，对压力的忍耐力越弱；③难以认识到心理上的痛苦，也难以用语言、表情或行为等表现或传达；④婴儿期、青春期前及青春期成长迅速，自律神经系统、内分泌系统、免疫系统发生急剧变化，容易引发心因性疾病或行为异常。

其次，孩子与外界环境的关系也影响了对压力的应对能力，具体表现为：①因为在生活、生存上的依赖性大，所以也更容易受到相应压力的影响，越是年幼的孩子这一倾向就越明显，婴儿更是完全依赖家人才能生存；②与社会的联系薄弱，难以积极寻求帮助。

心因性疾病的表现

孩子的心因性疾病可分为以下三类：①典型的心因性疾病，如支气管哮喘、肠易激综合征等；②刺激性心因性症状，如反复腹痛、尿频等；③虽不属身体疾病但与心因性疾病密切相关，如拒绝上学、摄食障碍等。

心因性疾病从年龄阶段来看，主要表现为：①婴儿期：呕吐、腹泻、便秘、夜哭、母爱缺失综合征、受虐待引起的发音障碍等；②幼儿期：呕吐、腹痛、腹泻、便秘、周期性呕吐症、愤怒性痉挛、尿频、夜尿、口吃、抽动、吮指、咬指甲、玩弄生殖器等心理性癖习，拒绝上幼儿园等；③小学时期：头痛、发热、支气管哮喘、特应性皮炎、拒绝上学等；④青春期前：直立性障碍、摄食障碍（厌食、暴食）等；⑤青春期：肠应急综合征、过度呼吸综合征、胃十二指肠溃疡等。

心因性疾病的应对

如前所述，处于成长阶段的孩子容易患上心因性疾病，同样，小小的干预或周围环境的改善也容易缓解相关症状，具体方法如下。

（1）缓解身体症状

关心孩子的苦痛，带孩子去看病，进行必要的检查，以缓解孩子的不安，同时耐心细致地向孩子说明病情。遵照医嘱服药，遵从医生的其他建议。

（2）减轻应激源的影响

应激源主要包括亲子关系，兄弟姐妹间的矛盾，家人患病、住院、死亡，朋友关系问题，父母关系不和，学习成绩，升学，学校课外活动，虐待，以及环境变化等。从长远的角度来看，与其试图一举消除所有问题，还不如逐渐减轻其影响，提高孩子应对压力的能力，这样做效果更好。

（3）建立家庭、幼儿园或学校一体的援助体制

不过，在改善孩子所处环境方面，父母发挥的作用更大。当孩子出现心因性疾病时，一手将孩子养育起来的母亲往往会自责，怀疑是不是自己的养育方法不对。这时，母亲一定要肯定自己将孩子带大的功劳，重新树立养育孩子的信心，母亲的自信就是孩子成长的最大助力。父亲可能在日常生活中对孩子疏于照料，这时也应该和母亲一起分担养育孩子的责任，注意改善夫妻关系。如果夫妻关系问题重重，敏感的孩子就容易患上心因性疾病，所以孩子的心因性疾病也可以说是家庭危机的征兆，是改善家庭关系的良机。当然，随着孩子年龄的增长，幼儿园或学校生活所占的比例越来越大，父母有时也确实需要与相关单位加强联系和配合，为孩子营造一个更好的成长环境。

（4）提高孩子的应对能力

有时，也可以进行心理治疗或咨询，以帮助孩子提高应对压力的能力。

那么心因性疾病的今后趋势如何？在医学上，长期以来，人们只关注身体本身，专业越分越细，尤其是过度关注脏器疾患，现在，这一倾向已有所好转。其次，随着科学技术的不断进步，社会节奏加快，人们的压力也日益增大，心理、社会因素对身体健康的影响也越来越大。最后，身心的相互作用机制已在分子、遗传基因层面得到解析，对人的存在本身，想来今后也必将从全面、整体的角度予以考察。同样，相信在医疗领域，对所有疾病，也必将从心因医学的角度出发，全面、综合地予以应对。在养育孩子上，从孩子小时开始，就在健康上注意心身如一，不断调整生活环境，那么孩子的人生、父母的人生，无疑都会变得更加充实、自在。

（有井悦子）

02 过　　敏

什么是过敏

当异物（抗原）侵入时，人体会生成物质（抗体）与之发生特异性反应，以保护身体，这种现象被称作免疫反应。但有时面对危害甚小、细微的抗原刺激，人体也可能变得过度敏感，发生反应，使身体出现令人困扰的症状或疾病状态。这种过度敏感、过剩的免疫反应就是过敏。

在现代社会，随着卫生环境的改善、饮食营养的日益丰富和医药技术的进步，人类受到细菌、病毒侵害的机会越来越少；另一方面，面对本来对身体危害甚微的花粉之类的物质，人体却变得过度敏感，发生过剩的反应。而且，由于身心密切相关，因而身体的过度敏感也使心理变得过度敏感。也就是说，身体容易出现过敏反应的人，在体质上对物质环境的抗原，如灰尘、螨虫、鸡蛋、花粉等容易过敏，同时在气质上也容易对心理环境的变化，如弟妹出生、入学、分离等容易过敏；而过度敏感的心理也会作用于身体，使身体的过敏症状加剧。总之，身心的相互影响，同时也对身体的过敏反应及症状产生影响。

另外，过敏反应也和体质有关，不可能很快治愈。和其他慢性病一样，容易使父母和孩子感到不安，造成心理负担。

因此，在过敏反应的治疗中，应将之视为心因性疾病，从身体、心理两方面进行诊治。尤其是长期的身体治疗都未见成效时，更应从心理过敏的角度予以应对。下面以典型的心因性疾病——哮喘、特应性皮炎和荨麻疹为例，介绍疾病症状与心理的关系，从而探讨如何应对孩子的过敏反应。

哮　　喘

（1）什么是哮喘

所谓哮喘，大多是支气管黏膜发生过敏反应，呼吸道出现慢性炎症，结果痰液淤积，同时气管和支气管对刺激变得过度敏感发生反应，导致呼吸道变窄，呼吸受阻，以至于突然出现喘鸣音（呼吸时，呼吸道发出“吁吁”的杂音）、咳嗽或呼吸困难的情况。

哮喘的一大特点就是突然发作，而平时没有明显症状。平时的正常生活与发作时的状态迥异，从而给患者以巨大的心理打击。

（2）哮喘发作的心理意义

一个人不安时可能会突然觉得呼吸困难，说自己“气都出不来”或不得不“屏息敛气”；自己的心情难以言说，不得不自个儿忍受时，说自己“心里苦啊”、“气闷”；当终于将压抑在心里的情绪表达出来时，说自己“一吐心中的块垒”，心情也随之变好，呼吸也自然顺畅了。人们以呼吸言说心情，原是有心理学上的根据的。

哮喘发作时的呼吸困难，从心理分析的角度来看，也可能是内心里有话，却无法很好地表达，结果以哮喘，即器官语言的形式表达出来。实际上有些孩子充分表达的自己感情后，哮喘症状确实有所减轻。

在心理分析上，哮喘发作时发出的喘鸣音“吁”被解释为孩子“呼唤妈妈”的声音。孩子越害怕发作，就越依赖父母，尤其是发作时父母不得不寸步不离地陪伴在身旁。另一方面，为了预防发作，父母对孩子的饮食和生活起居也是操心不已。长此以往，父母势必会精疲力竭，于是在不发作的时候，可能会不自觉地与孩子保持距离。可孩子却希望父母总是陪伴自己关心自己，结果在潜意识中追求父母的关注，又引起哮喘发作。

（3）哮喘与心理的相互作用

因为哮喘发作时会出现呼吸困难，所以孩子一旦被确诊，父母就会变得非常不安或焦虑。孩子原本就像自然界里的动物一样，会根据父母的反应判断危险程度。父母的过度焦虑和不安，也会加剧孩子对疾病的恐惧和不安。一个人越是不安，就越容易将事情往坏的方面想，因此孩子也可能从“又会发作”的担心发展到“会不会就此死掉”的恐惧。

另一方面，父母为消解自己的不安，也可能在日常生活中对孩子过分干涉或保护。结果，孩子因为哮喘，行动受到各种限制，不能尽情玩耍，缺少了成长过程中必要的玩耍体验。这种情形长期持续，渐渐地孩子就会觉得“反正自己……”“又会发作的，还是不要去逞强了”，对事情越来越被动，性格也变得内向、消极。也更加习惯于看父母的眼色行事，自己不会主动行动。一遇到挑战就想逃避，因而也更加容易失败。失败了，仿佛如预期的“果不其然”，便愈加丧失自信，进一步龟缩到自己的壳里。

体验机会的缺乏会影响孩子的心理成长。孩子正是在各种体验中学会解决问题，培养应对人际关系、社会事件、压力等的能力。随着年龄的增长，孩子的生活环境也从家庭扩大到学校、社会，面临的挑战也越来越多。如果难以应对，这些挑战就可能成为心理的过敏源。户外活动不足的孩子，对自己的体力或运动能力缺乏自信，就可能在体育课或运动会的前一天发作。

因为患上哮喘而产生自卑感、不安或自我否定的孩子，容易时时刻刻担心哮喘发作，因而更容易引起哮喘发作。“会发作吧？”的不安会成为心理暗示，再通过自律神经影响内分泌，进而使呼吸道收缩，便成为更容易发作的状态。有研究报告显示，在催眠状态下发出令人不安的暗示也可能导致哮喘发作。在实际生活中，也有对玫瑰花粉过敏的人仅仅看见人造的玫瑰花，也会出现过敏症状。确实，即便没有过敏源，仅仅因为心理暗示或在某种环境下，也可能出现哮喘发作。

哮喘经常在夜间发作，也不仅仅是因为自律神经和支气管分泌的影响，对夜晚的不安也是原因之一。“如果发作了去不了医院该怎么办？”孩子有这样的顾虑，其实父母也同样，而在节假日或旅途中容易发作也是同样的原因。

由此可见，对环境变化的敏感程度或不安情绪也存在程度差异，对身体的影响程度自然也不同，当然，身边其他人的应对也同样会产生影响。

（4）哮喘的应对

哮喘发作时孩子的样子大变，甚至会经历死亡的恐惧，父母也会感到格外不安。为了避免哮喘发作，父母可能对孩子过度保护，或过分干涉，有时在极端的压力下，也可能对孩子干脆不管，完全放弃。为避免情绪或做法上的极端化，父母需做到心里有数，沉着应对。为此，首先应了解哮喘的一般知识，无需过度专业，消除因无知而生的额外不安或恐慌。其次，要定期到医院诊治，听取医生的建议并遵从。当然，选取自己信任的医生非常重要，否则父母一味担心药物副作用，孩子即便服下药品，效果也会受到影响。最后，根据实际情况适当改善环境。凡事过犹不及，不要为避免物理抗原而让全家人勉为其难，在力所能及的范围内给予照顾即可。

总之，应对孩子的哮喘，不必苛求最佳方法，只需从孩子的角度出发，尽力而为即可。要时刻谨记是帮助受哮喘折磨的孩子，而不是消灭哮喘本身。凡事只需因循常理，切不可走极端。

特应性皮炎

（1）什么是特应性皮炎

特应性（atopic）这个词原为希腊语，意思是“搞不明白”、“奇妙的”，最初用于修饰哮喘、过敏性鼻炎等遗传性因素较强的过敏症。由于哮喘和过敏性鼻炎等遗传性过敏症患者常常出现一种特殊的湿疹，因而这种皮炎就被称为特应性皮炎（atopic dermatitis）。

特应性皮炎的典型症状随年龄的增长而有所不同，但各个时期都有一个共同特点，即皮肤严重瘙痒，结果导致反复抓挠，皮肤状态愈加恶化，症状进一步加重。一般来说，当专心致志做某事，或沉浸于玩耍中时并不觉得痒，而在大脑皮质抑制减弱的睡眠期间，以及因心理纠葛、压力等变得异常烦躁时，瘙痒又会加重。

（2）皮肤瘙痒、抓挠的心理意义

皮肤是人体中可直接与外界接触的部位。孩子正是通过肌肤接触直接感受到父母的爱，从而建立起对外部世界的信赖的。当孩子感到父母的爱抚不足时，就可能觉得父母不爱自己，从而产生压力。这是孩子实际感受到的爱，而不是父母究竟付出了多少，所以父母有时也可能难以察觉。

孩子在压力下，皮肤瘙痒会加重，从而不断抓挠，结果陷入皮疹恶化和失眠的恶性循环中。这时，孩子可能会告诉父母皮肤痒痒，父母则可能制止或帮孩子抓挠。即便孩子因此被父母批评，也算成功获得父母的关注，甚或是爱抚。长此以往，孩子在寂寞、不安，需要得到父母的安慰时，皮肤瘙痒就会复发，或即便不痒也可能无意识地抓挠。

另外，有的孩子爱的需求未得到充分满足，在对父母心怀怨恨的同时又有一种负罪感，因而可能以抓挠来惩罚、伤害自己。

所以，从心理分析上来说，孩子的瘙痒或抓挠也可能是孩子感情或需求的表现，因为他们还不善于感知或确切地用语言来表达。

（3）特应性皮炎与心理的相互作用

特应性皮炎会瘙痒，以至于注意力无法集中，夜间也难以安睡，确实非常痛苦。而且因为抓挠，瘙痒会进一步加剧，皮肤状态愈加恶化，孩子因而变得情绪低落，还会为抓挠而自责，同时也受着父母的责怪。看见孩子抓挠，父母也会变得烦躁不安，对孩子的皮肤症状做出过度反应。父母的反应又进一步刺激孩子，结果孩子对自己的症状更加敏感、在意，不安和忧虑也加剧，从而陷入恶性循环：烦恼不已→症状恶化→愈加忧虑，皮炎也愈加拖延不愈。

同时，皮肤症状暴露在外，容易给人“脏”的感觉，因而可能总想把患处遮掩起来，时时警惕被人看见，结果劳心烦神，让自己心神疲惫、情绪低落，人也变得消极怠惰，人际关系也受到影响。

（4）特应性皮炎的应对

不要只关注孩子的皮肤症状，总想制止孩子抓挠，而应关注孩子的内心，引导孩子以其他方式将自己的感情或需求表现出来。父母和孩子都不再纠结于抓挠时，才能更好地进行交流，增进双方的感情。

仔细思考孩子为什么会出现瘙痒，关注孩子的内心，就不会再拘泥症状，看见抓挠也不会再烦躁不已了。

经常爱抚孩子，不要对孩子的皮肤症状过度敏感，父母与孩子都学会接受、正视特应性皮炎，让孩子快快乐乐地生活才是最重要的。

荨 麻 疹

（1）什么是荨麻疹

皮肤瘙痒的同时还出现红色的风团，有的数小时之类症状完全消失，有的持续较长时间。根据发作的情形及持续时间的长短分为急性和慢性两种。

急性荨麻疹多因食物过敏而起，而慢性荨麻疹原因不明的情形较多，有时身心疲劳、压力也可引发。

（2）荨麻疹的心理意义

同特应性皮炎一样，荨麻疹也是皮肤瘙痒，出现皮疹等症状，但荨麻疹是皮肤表层、毛细血管等的通透性亢进引起的，皮肤不会受到损伤，症状消退后也不留痕迹，因而其心理意义不同。荨麻疹可以说是血气旺盛，皮肤处于觉醒的状态，在心理分析上是对周围环境变得敏感的意思。

有时即便没有过敏源，也可能因为畏惧或抗拒的意识过于强烈，以至于通过自律神经系统影响内分泌，从而出现荨麻疹。比如，有的人对虾过敏，只要听说吃的菜肴里有虾，就可能立即出现荨麻疹，尽管里面实际上没有。所以对过敏的人心理暗示或环境都可能诱发。

另外，有的人对自己的境遇不满，产生压力，这种心理的矛盾和紧张也可能导致荨麻疹反复发作，长期难以治愈。

（3）荨麻疹的应对

出现症状时，如果特意指出，孩子可能越发意识到症状的存在，对造成过敏的过敏源和压力愈加产生畏惧情绪或抗拒心理，从而越容易出现荨麻疹。因此，对皮肤和心理变化要淡然处之，不要过度刺激，耐心守护即可。

此外，也可进行自律神经训练，以降低身心的敏感性，恢复自律神经系统的平衡。

过敏的应对

过敏与体质有关，同时身体的过敏也会影响心理，心理反过来又会使症状加剧。因此即便抗原减少了，但心理的纠葛或压力增大时，症状也可能继续恶化或转为慢性。

如前所述，因环境变化而出现的脆弱、不安、愤怒或寂寞等情绪，会对身体的过敏症状产生影响，尽管有程度的差异。当然，周围的人对孩子的态度同样也会对症状产生影响。

孩子的性格、气质各异，对同一事物的认识和感受也不同。自己孩子的感受如何，想要的又是什么，做父母的不妨静下心来想一想。其次，不要过度纠结于过敏症状，而应关注孩子究竟需要什么，包括心理成长方面。最后，要将过敏体质视为孩子的一个特点，要有接受、正视它的心态，只有这样，才有助于培养孩子健全的人格，避免因过敏体质而陷入自我否定的泥沼。

（荒木佐代子）

03 肠易激综合征

什么是肠易激综合征

一个人健康时往往会在固定的时间排便，而后几乎意识不到肚子的存在，尽管肠道也在一直工作。很少有人时时刻刻关心自己的肚子吧？但在紧急情况时，肚子可能突然痛起来或急着想上卫生间，一旦情形缓解，肚子又跟着好了，一切恢复如常。

但也有一些人肠道本身没有任何异常，只是变得过于敏感，对些微的刺激也会感到疼痛或萌生便意，这就是所谓的肠易激综合征了。主要症状表现为腹痛或腹泻，也有持续便秘的，也有便秘和腹泻以三四天的频率交替出现的。不论如何，其共同特点就是腹痛、腹胀、胀气等腹部不适。究其原因，是遭遇紧急情况时肠道平衡被破坏，心理也随之过于关注，结果肠道变得愈加敏感。以小学高年级开始的青春期孩子最为常见，也有年纪更小的孩子，近来在工薪族中也呈上升趋势。有时除肚子不舒服外，还可能出现心慌、尿频、起立性低血压等其他身体症状，以及情绪低落、心烦意乱、烦躁不安等心理上的过敏症状。

早晨要上学时，肚子突然疼痛起来，许多拒绝上学的情形就是这样开始的。有报告指出，在拒绝上学的孩子中，有30%～40%的孩子出现肠易激综合征的症状。对孩子来说，上学意味着离开家庭这个安全港湾迈向社会，是既让人期待又让人感到不安和紧张的。有时，在学校承受的压力太大，结果不想上学的心情便以腹痛的形式表现出来；也有因害怕上课时想上卫生间而不去上学的。一些青春期的女孩子因为腹胀、胀气，担心会放屁，结果不敢走进教室。拒绝上学和肠易激综合征两者之间虽然难分因果，但关系密切已是不争的事实。

肠易激综合征的原因

食物经口而入，在体内吸收营养后又被排出体外，其间肠道发挥着奇妙的作用。吸收营养成分时，消化物需在肠道中停留一段时间，并不断蠕动向前输送。肠道运动很容易受心理紧张等因素的影响，因此肠易激综合征也可以说是肠道对心理紧张等因素处于过度敏感的状态。

在现代都市生活中，人们都承受着过大的压力。本来，人们的身体状况和生物钟容易受气候、日照时间等自然因素的影响，而且每个人的敏感程度各有不同。然而在都市生活中，人们的时间却被人为地割分，每个人都被迫与时间赛跑。在日出而作、日落而息的时代，很少有人得肠易激综合征吧？现在的孩子，从很小的时候开始，就被严格要求凡事都得“又快又好”。在学校，要和大家步调一致，在规定的时间里完成同样的任务，目的是为了通过考试，将来在公司里能按时完成自己分内的工作。

得了肠易激综合征的孩子，大多是认真上进的孩子。他们努力完成布置的作业，反复检查生怕出错，不管做什么事情都力求尽善尽美。为做到“又快又好”，他们必须集中精力，全身心投入。如此一来，他们的心里总是绷得紧紧的，也少有时间玩耍，总是有份力不从心的感觉。但在按部就班的日常生活中，孩子这样的努力会得到赞赏，日子也会平安无事地过去。不过，人生并不是一成不变的，总会有这样那样的意外，会出现各种新情况，让人恐慌，难以应对。不管如何谨慎小心，也一定会遭遇失败；凡事深思熟虑，追求完美，结果反而会陷入迷茫一事无成。越是规规矩矩勤奋努力的孩子，越难应对意外和变化。面对新情况，必须独立思考、独自应对。孩子虽有迎接挑战之心，但面对挫折、失败，还是难免感到忧愁烦恼。

孩子一方面有挑战新情况、未知事物的勇气，另一方面又感到恐惧不安，退缩不前。两种情绪在心中冲突、交织时，还有遇到挫折、失败时的紧张、不安，都可能加剧肠道的过敏状态。而且，一旦有过腹痛的痛苦经历，再次遭遇同样的情况时，难免会心生不安，结果真的再次出现腹痛。

肠易激综合征的应对

不仅是肠易激综合征，其他心因性疾病也同样，都需要首先应对身体症状，以缓解心理问题。因此应首先确认是否是其他肠道疾病，并针对症状使用药物。症状消失了，自然萌生迎接新挑战的勇气。同时注意不可过度拘泥身体症状，一心想彻底治愈。

对肠道的微妙变化也操心不已，只会使身体变得愈加敏感。如果没有其他肠道疾病，就不会有营养失调和脱水的问题。正常饮食即可，无需对食物过分小心。

另一方面，父母还需留意孩子在家里或学校有没有遇到棘手的问题。有时稍微搭一把手，孩子的心情就会好转，身体症状也会减轻许多。从孩子的视角出发，一起来应对挑战吧。有时也可以与老师联系，帮助改善孩子的所处环境。比如，孩子肚子不舒服时，可以直接去卫生间或保健室。

不过最重要的是转变“又快又好”的思维方式，让孩子按自己的节奏思考、尝试，并乐在其中。在日常生活中加进玩耍的元素吧，尽量减少各种条条框框、禁止、限制什么的。可以带孩子到海边玩沙子，或玩过家家。父母可以给孩子很多帮助，但最好是让孩子独力超越困境，只在需要的时候搭一把手。孩子其实也是希望自己独力度过难关的，父母无需过分杞人忧天，急于为孩子扫清任何障碍。有时，父母需要拿出气度，让孩子大胆地去尝试。只要孩子喜欢，即便父母觉得毫无意义，也应从旁协助，予以支持。因为哪怕是小小的成功，也会让孩子获得自信，萌生挑战下一个新课题的勇气。

（鹫尾真理）

05 胃炎、胃溃疡

什么是胃炎、胃溃疡

说起胃炎、胃溃疡，也许有人会认为这是成人才会得的病。实际上胃炎、胃溃疡正呈低龄化趋势，据说0～14岁孩子的发病率正在上升。症状也和成人一样，包括食欲不振、烧心、恶心、胸口疼等。有的孩子会明确诉说胃痛，也有的孩子会主诉恶心或食欲不振。由于消化吸收功能减弱，身体无法吸收充足的营养，因而大多气色不佳无精打采。一般来说，年龄越小越容易治愈，可胃炎、胃溃疡容易受到紧张情绪或压力的影响，因而也很容易复发。与成人相比，孩子受压力的影响更大。

有时厌恶之至却无可逃避，或人际关系险恶，不得不处处小心翼翼，压抑自己的言行。遇到这样的状况，差不多的人都会感到胃痛吧？确实，一个人的情绪可能通过胃的状况表现出来。特别是患胃炎、胃溃疡的孩子，容易按照别人的意愿行事，不会拒绝他人而坚持自己的意见，甚至自己也没意识到是在压抑自己。总是忙着揣摩他人，而忽略了自己的感情。当然也就无法及时抚慰自己的内心，给自己细致入微的关怀。结果，各种不良情绪的压力就转移到胃上，通过胃痛表现出来，孩子更是如此。患胃溃疡的孩子，家人的胃也大多不好。不可否认，这存在体质上的遗传因素，但也可能存在这样的情形：情绪的压力转移到胃上，一旦有什么烦心事，胃的状况就会恶化，久而久之，两者之间就形成了一种联动模式。

胃炎、胃溃疡的原因

经口而入的食物，经过食道后先在胃里消化，转变为容易吸收的形式，再由肠道吸收身体必要的营养。胃具有把食物转换为可吸收营养的重要功能，它分泌出胃酸和胃蛋白酶等消化液。作为溶解、消化食物的消化液，本身具有很强的酸性，因而对胃体也是很强的刺激，有可能损伤胃壁。因此胃在消化食物时，胃壁血液循环加快，同时分泌黏液，以保护胃黏膜。胃的损伤机制和防御、保护机制保持着一种平衡，但这种平衡也有被打破的时候。比如，长期忍受不愉快的局面，或愤怒无法发泄，都会造成压力，自律神经的功能会随之发生紊乱。结果一方面是胃液分泌过剩，另一方面却是胃壁的血液循环不畅，保护胃壁的功能被削弱。于是，在胃液分泌过剩和保护胃壁机制受损的双重打击下，胃就会出现炎症。仅在胃壁表层发生的炎症就是胃炎，炎症进一步加重发展到肌肉层且出现出血状态时，即为胃溃疡。因此，胃溃疡可以说是强大压力的攻击和自身保护机制减弱两种因素共同作用的结果。

患胃炎、胃溃疡的孩子大多老实、温顺，从小就很听话，基本上不会反抗父母，让父母头疼，也很少有发脾气或哭闹等激烈情绪的表现。实际上这些孩子往往比一般人更加敏感，更容易感到愤怒或痛苦，但他们的情绪很少表现出来，让人难以察觉。结果，他们内心的痛苦转移到胃上，愤怒和难受也通过胃来发泄。一般来说，如果一个人明确表达自己的愤怒或痛苦，也许会得到他人的关照，或自己的情绪会有所好转，但患胃炎、胃溃疡的孩子却恰恰相反，他们将愤怒或痛苦的情绪引向自己，伤害自己，从而使自己陷入恶性循环的境地。

胃炎、胃溃疡的应对

当出现大量溃疡、症状严重时，需首先进行对症治疗，可到儿科或心理疗法内科就诊，适当服用药物，同时应对孩子的心理需求。有些药可以尽快治疗溃疡，缓解症状。

除症状严重时外，平时无需过度限制饮食，但应避免食用刺激性强的食物或碳酸饮料。食物煮得软一点，注意营养均衡，少量多餐，以免加重胃的负担。同时，精心制作的食物也是爱的表现，可有效抚慰孩子的心灵。易患胃炎、胃溃疡的孩子，不仅不善于表达愤怒或痛苦的情绪，而且也不善于向父母撒娇。他们一方面渴望得到父母的抚慰，另一方面又会觉得撒娇很难为情，或者不知道该如何撒娇。吃着可口的食物，旁边有父母的陪伴，撒娇自然而然就发生了。得到父母的抚慰，保护自己的力量也油然而生。所以，精心制作的食物，不仅是身体的营养，也是心灵的滋养，会让孩子滋生心理的力量。养育患有胃炎、胃溃疡的孩子，一定要从饮食、心理两方面予以照顾，给予细致入微的关怀。

患胃炎、胃溃疡的孩子，可能即便心里厌恶什么也绝不表现出来。比如，有的孩子上补习班非常痛苦，可还是默默坚持；明明被人欺负了，可还继续和对方来往。有时孩子可能意识到自己的厌恶情绪，尽管没有表达出来，但更多的情形可能是孩子完全没有意识到。有些压力是明显的，有些在大人看来不足挂齿的小事，也可能给孩子造成压力。因此，应对这种老实、本分的孩子，尤其需要从孩子的角度出发，多加照顾。

总的来说，就是帮助孩子意识到自己的压力、不快和各种情绪，并学会将它们表达出来。首先，就是与孩子共同感受这个世界，并学会将身体所感和内心的情绪变化用语言表达出来，互相交流。这并不难，比如问一声“肚子饿了吧?”“好吃吧?”“困了吧?”“很无聊呢”，从日常生活出发，关注孩子哪怕是一点小小的心理变化。另外，对于不会撒娇的孩子，可以找寻一种孩子能自然接受的抚慰方式，比如给孩子按摩一下背部。也有的孩子喜欢与父母交换日记，并乐在其中。总之，家庭应成为家人身心放松的场所，每个人都可以畅所欲言，自由地表达自己的感情。也可以让孩子接受游戏疗法，学会自由地表达自己，同时父母也可以进行心理咨询，学会从小事上关注孩子的感受。假以时日，相信孩子的症状一定会得到改善。

（鹫尾真理）

05 过度呼吸综合征

什么是过度呼吸综合征

平时人们一般不会注意呼吸，但情绪紧张不安时，是否会不自觉地反复深呼吸呢？做缓慢的深呼吸后，心情会平静下来，呼吸也自然变得平稳。可是，当万分震惊或激动时，一个人可能反而屏住呼吸，过一会儿才急忙大口吸气，而且，可能会忘记呼气，只顾大口吸气。这种状态就被称为过度呼吸。过度呼吸时间长了会怎么样呢？会感到胸闷、难受、心跳加速。实际上明明是吸气过度，却觉得“吸气不够”、“喉咙发紧”、“氧气不足”，结果更加拼命吸气、呼气。最后可能出现头痛、眩晕、口部或手足麻痹，甚至昏厥倒地。这种陷入惊恐状态，出现过度呼吸进而引发各种症状的现象，就被称为过度呼吸综合征（也称为过度换气综合征）。

过度呼吸发作的时间以20分钟至1小时、每月1~2次居多，其次也有每两三年发作一次的，也有在更短的时间内反复发作的。如果昏厥倒地，则多会引起恐慌，以为是什么大病。原本多发于十几岁女孩子，偶见集体发作的报告。近来，无论性别、年龄，各人群都呈上升趋势，但仍以十几岁的女孩子居多，30～40岁年龄层则以男性居多。

出现过度呼吸的情形，不仅有情绪过分激动、兴奋的时候，还包括行事受挫、无所适从，或感到极度不安的时候。过度呼吸综合征的诱因有多种，比如，有情绪激动或欲求未满的发泄型、极度不安型、拘泥固执型，此外还有对广场、封闭场所、高处等特定环境的恐惧型等。

过度呼吸综合征的原因

出现过度呼吸的情形有运动后、发热时，或剧痛时等，主要由身体方面的原因引起；也有极度兴奋、愤怒、不安或恐怖等的时候，主要由心理方面的原因引起。不论如何，在那样的情形下呼吸变得急促、气息变粗也是合乎情理的。众所周知，呼吸的作用就是给血液吸进氧气，然后排出二氧化碳。吸入大量氧气可促进血液循环，从而有助于应对各种压力。一般情况下，即便出现过度呼吸，人体也会进行自动调节，过不久就会恢复到自然、正常的呼吸。但如果过度呼吸没有适可而止，而是持续较长时间，则血液中氧和二氧化碳的平衡就会被打破，血液呈碱性，于是血管收缩，手足出现麻痹等症状。

那么为什么原本是自然反应的过度呼吸会持续较长时间呢？当一个人心绪不稳时，比如缺乏自信、有担心的事、有过多的不满，呼吸就容易变得紊乱。即便是些许小事，也可能感到强烈的不安或恐惧。容易发生过度呼吸的孩子，大多感到寂寞、迷茫，情绪不稳。独生子女或家里的第一个孩子往往得到父母的悉心照料，但内心仍多有空虚的角落，也许是两代人的期望并不一致的缘故吧。还有，一些非常优秀的孩子，能力却未得到充分发挥，结果丧失自信，要么处处迎合他人，要么过度张扬自己，在人际关系上产生摩擦。正如和谐相处的朋友被称为“意气相投”一样，可见，呼吸紊乱也是人际关系不和谐，尤其是与自己非常在意的人的交流、感情出现问题时的自然表现。

另外，过度呼吸发作时的症状比较剧烈，其痛苦一目了然，因而也具有强大的“震撼力”。尤其是孩子发作时，很容易引起父母或其他人的注意，因此也可暂时逃避眼前的困难。结果，平时空虚、不安的内心也暂时稳定下来，所以，一旦感受到某种压力时，出现过度呼吸也就不足为奇了。

过度呼吸综合征的应对

过度呼吸发作时，其不安和恐惧触目惊心，让人无所适从。不过，过度呼吸综合征很少有恶化或长期持续的情形，大多会随着时间的流逝不治而愈，因而不用过度担心。但癫痫发作、雾霾引起的症状也与其类似，另外有支气管哮喘的孩子也可能出现过度呼吸的现象，所以还是应到儿科或心理疗法内科接受检查，确认是否有其他疾病。

过度呼吸发作时，周围的人不要大喊大叫，惊慌失措，应沉着应对，否则周围人的不安反过来又会加剧孩子的不安。陪在孩子身边，以缓慢沉稳的语调安慰他。平息过度呼吸的方法很简单。由于过度呼吸时二氧化碳大量呼出，以至于血液中二氧化碳不足，因此只需再次吸入二氧化碳即可恢复平衡。具体做法是用纸袋罩住口鼻，让呼出的气体再吸进去。这种方法可以暂时缓解过度呼吸，但根本的办法还是让孩子的内心感到充实，情绪恢复平稳。

出现过度呼吸的孩子，一般非常渴望得到认可。有人关注自己，认可自己，孩子的内心就会变得充实，就会拥有自信。作为父母，可能觉得自己一直在关注孩子，照顾孩子。不过，可否反思一下，自己为孩子所做的，真的是孩子所期待的吗，是否有不一致的地方？孩子真正需要什么，有什么想法，父母是否可以用心体会一下呢？当孩子感受到父母的关注和理解时，也就有了安全感，过度呼吸的现象也会随之消失。在日常的随意谈话中，比如孩子谈到学校的事情时，耐心倾听，孩子是能感受到的。父母学会倾听孩子后，孩子的内心就会变得充实，在心理上也会得到满足。如果不知道该如何倾听，可以看一看本书主编东山纮久先生著的《心理咨询师的倾听术》。当然，关于父母与孩子的交流和感情问题，也可以向心理专业人士咨询。

（鹫尾真理）

06 抽　动

什么是抽动

在日本，抽动是由英语直接翻译过来的，也许在从前日本人并未将其看成一种疾病吧。抽动是越有人注意本人就越紧张，症状也越明显。在日本，人们对一些症状轻微的抽动并不在意，可欧美人却非常敏感，也会带孩子到儿科就诊。对于自己无法控制的身体症状，欧美人是否更容易感到不安或有抵触感呢？

所谓抽动，就是指同样的动作或发声反复、快速地进行的现象，一般突然发作，节奏也并不一定相同。

抽动的表现

一般七岁左右开始发作，男孩子发病率较高。身体不由自主地抽动，但如果有意识地控制，如屏住呼吸一般，症状则可能有所缓解。压力增大时容易恶化，集中精力做某事时，症状则可能减轻。睡眠时，症状几乎消失。

抽动分为运动型和声音型两种。运动型抽动稍加注意就可发现，表现为眨眼、猛烈摇头、耸肩、蹙眉、咳嗽等动作；声音型抽动包括轻咳、喉鸣音、呼哧呼哧地呼吸、鼻鸣、吼叫等。以上表现都比较单纯，稍加留意即可发现。也有一些表现比较复杂，难以辨别。比如，做出各种表情，不停地整理着装，突然弹跳起来，不停地触摸物体、跺脚、嗅物体的气味等，这些都属于复杂的运动型抽动。此外，还有不停地模仿他人动作的。比较复杂的声音型抽动包括：反复地说不合时宜的话或不为社会所接受的语言，比如粗话，或是重复自己的话，反复说刚才听过的话或声音。

抽动的轻重程度不一，有的只是不停地眨眼，过一两个月就消失；有的症状很严重，可能同时有十数种动作或数种声音。有近 10% 的儿童出现过抽动。从幼儿园到小学低年级出现的抽动，表现动作或声音一般不会增加，90% 以上孩子的症状会在一年内消失。

一般来说，神经质、敏感、情绪不稳、期望值高、认真的孩子较容易出现抽动。

抽动的原因

为什么会出现抽动呢？在出现入学、搬家、举行活动等与平时环境不同的情形时，情绪容易紧张，从而诱发抽动。但环境的变化只是诱因，而非直接原因。抽动的原因大致分为体质性的和心理性的。

当一个人感受到压力时，症状会在哪里出现呢？这因人而异。每个人大脑作用的样式也不尽相同。对于一些孩子来说，只是在承受压力时，容易以运动型或声音型的抽动表现出来，即具有这样的体质。

从心理上来说，一般认为是欲求受到压抑引起的，大致有以下情形：一是孩子天性的流露与成为好孩子愿望之间的冲突；二是憎恨或敌意等情绪的过度压抑；三是进入青春期后，随着身体上的变化，对性的兴趣增大，另一方面却不得不压抑性冲动。以上欲求的压抑都可能以抽动的形式表现出来。

另外，最初有意识的行为，也可能在不知不觉之间变为下意识的反复动作。比如遭受严重虐待后的自我安抚行为，其后可能演变为缓解不安情绪的癖习。

如果抽动持续一年以上，且出现更为复杂的动作或发声，症状愈加恶化，则可能患有抽动秽语综合征。抽动秽语综合征具有多种抽动动作或发声，从大脑构造来看，一般认为是大脑基底核部分出了问题，但具体原因不详。抽动症状最严重的时期为十岁左右，中学毕业时一般自动消失或变得不那么明显，也有极少数成人仍有症状，但在外出和工作时症状往往消失。成人后的抽动症状一般不明显，也不会影响社会生活。

无论是轻微的抽动，还是抽动秽语综合征，大多开始出现于七岁左右。但在症状出现初期，两者是很难区分的，这也是事实。

抽动的应对

抽动是越想停止，情绪变得越紧张，结果症状依旧。如果再遭到父母呵斥、制止，孩子就会产生自责，以为抽动是自己的错，不该惹父母生气。尽管父母的出发点是好的，但无疑会影响孩子的自信心。抽动大多会在一年内消失，并没必要严加斥责。父母尤其不要变得太过神经质，为此忧心忡忡。

应对抽动的秘诀是：放松身体，愉悦五感。孩子喜欢什么呢？多花一番心思吧。可否在日常生活中引入体育运动、音乐、电影或园艺活动？人都有惰性，只有在面对挑战时，才会想法改变生活习惯，所以不妨把抽动看作丰富生活的契机。

抽动秽语综合征发作时，动作或发声激烈，活动量大，身体会变得相当疲劳。不要呵斥、责怪孩子的抽动，要理解孩子的不由自主、疲惫和焦虑。同时，症状的恶化也不是父母的应对方式、养育方法不当引起的。现在最重要的是理解抽动秽语综合征，并予以相应的应对。

当然，孩子的症状发作时，父母会感到不安、焦虑，甚至变得神经质，过度干预孩子的生活。孩子也会因为自己的无能为力而变得烦躁不安、心烦意乱。结果，孩子的症状进而影响到整个家庭氛围。因此，一定要理解孩子的不由自主，要耐心守护孩子。

如果影响到生活，可以到医院就诊，使用药物缓解症状，大多同时进行药物疗法和心理疗法。但药物有催眠的副作用，可能会影响学习。所以情况不严重时，可以只进行心理疗法。对抽动秽语综合征，心理疗法可帮助应对人际关系问题和不安等情绪问题。

（殿谷仁志）

07　不明原因发热

什么是不明原因发热

在医学上，不明原因发热是指发热时间持续三周以上，有时体温超过38℃，且经过医学检查也无法确定身体原因的状态。实际上，正是查不出身体原因，所以才被称为不明原因发热。

一个人平时健康状态下的体温被称为正常体温。六岁以上的人正常体温大多在36.5℃～37℃之间，婴幼儿正常体温稍高，37.5℃以下为正常范围。不过，正常体温也存在个体差异，所以有必要了解自己孩子平时的体温。一般所说的发热，也就是指体温超过正常体温的情形。体温介于正常体温和38℃之间属低热。

发热大多由身体疾病所致，所以发热时，首先应去就诊确认是否患有身体疾病。比如，感冒、流感等多由体内感染微生物，引发炎症而起，多属感染性疾病，往往会出现特有的身体症状和发病过程，可据此判断为身体疾病。感冒会出现低热、流鼻涕、鼻塞、喷嚏等症状，数日即可痊愈；流感会出现高热、咳嗽、生痰、喉咙痛或关节痛，持续一周方可痊愈。

但如果发热长时间持续，详细检查也未发现身体疾病，无法确定发病原因，则被称为不明原因发热。如果可明确确认发热由心理原因引起，则被称为心因性发热。

不明原因发热的表现

与伴随身体疾病的发热不同，不明原因发热最大的特点是体温时高时低，随情形而不同。比如，早晨上学前开始发热，一直持续到中午或学校下午放学前，下午或学校放学后体温又降下来，而且这种情况反复出现。或者在暑假、星期天、住院等学校不上课的时候不发热，一旦需要到学校上课时又开始发热，而且一直持续下去。

另外，因身体疾病而发热时，一般会同时出现特有的身体症状，但不明原因发热却往往无相应的身体症状。比如，明明发热，脸却不发红不发烫，或并不出汗，或者出现与发热不相关的腹痛、头痛、恶心等症状，即便吃药也不大见效。

不明原因发热在小学高年级和中学生之间较为常见。这一时期正是青春期，即第二性征开始出现到身高停止增长的时期，孩子的身体正由儿童蜕变为成人。

不明原因发热的原因

人体的发热机制尚未完全解明，一般认为体温调节与大脑基本部分，即丘脑和下丘脑（合称间脑）有关。几乎所有传递感觉的神经都集中于此，并由此通过，因此间脑受到来自全身的刺激。特别是控制内脏、血管，以及激素的分泌等基本生理活动的自律神经，以及愤怒、不安、担心、悲伤等情绪都与间脑有关。

因此，当身体有细菌侵入引发炎症或出现免疫相关疾病时，容易出现发热症状，而且极度愤怒、不安等情绪也容易导致发热。不明原因发热既然难以找到身体上的原因，故多被认为与情绪有关。当情绪太过激烈或难以表达出来时，就容易郁结于心。处于青春期的孩子，正经历着身心的急剧变化，对即将长成大人也充满不安，又敏感，要用语言或行动来表达自己的情绪绝非易事。在学校的人际关系，家庭中的亲子关系、同胞关系中，因为敏感容易激动，情绪不稳又难以抑制，心理不成熟又难以表达，承受着各种各样的压力，所以出现不明原因发热也就不足为奇了。

不明原因发热的应对

比如想交朋友却受到对方嘲笑，想做的事没做好，被父母呵斥或未得到帮助，悔恨、自责、怨恨，各种心情交织，茫然以对时，就可能出现不明原因发热。此时，自由表达、发散自己的情绪最为重要，父母切忌横加干涉和处处指导。

首先，孩子发热时需去就诊。如果吃药不见效，发热仍然持续，就需做详细检查或服用其他药物。这时，无论是本人或家人都可能感到不安或忧虑。如果仍然查不出原因，则可能被诊断为不明原因发热或心因性发热，医生也会说是心理原因或压力引起的，并可能推荐心理疗法。不明原因发热的就诊经过大致如此。

即便说是由心理原因造成的，孩子还是难以理解，反而可能更加不安。家人也可能不知道该如何应对而心生不安，结果将其归结为心态问题或情绪问题，但都于事无补。因为正是存在心理问题，难以应对、表现，或认识并接受，才以发热的身体症状表现出来。也就是说心理问题通过身体问题表现出来，身体成为表达情绪的途径。

因此，首先是应对孩子的身体症状——发热，其次是理解孩子的感情。具体来说，就是照顾好孩子的身体，充分理解孩子的烦恼，这也是孩子练习表达自己感情的机会。如果孩子难以表达，可以在家人或心理疗法专业人士的辅导下进行。

这样，孩子的心理——情绪或感情不再以身体症状，而是以语言或行动的方式表现出来。特别是发热，多由学校的人际关系或家人关系中产生的激烈情绪冲突所致，因此，当孩子学会在家人或朋友中勇敢地坚持己见，或是示弱撒娇时，孩子的烦躁、不安就得以发泄。孩子学会向对方传递自己的感情，也学会应对自己的内心，这无疑有利于促进心理成长。

这时，父母在理解孩子感情的同时，也要把自己的感情明明白白地传递给孩子。面对孩子的心理纠葛，做父母的无疑心情复杂，但即便如此，也要坚持告诉孩子自己的看法，然后耐心守护孩子的心理成长，看他怎样理解、消化他人的观点或情绪。明了自己的感情、情绪，然后向对方传递，这是亲子交流的关键。

（川原稔久）

08　圆形脱发

什么是圆形脱发

有时，孩子本人或家人突然发现，孩子头上出现圆形或椭圆形的无发区，直径数厘米不等。患部并没有炎症、萎缩、疼痛或瘙痒等症状，只是无发，头皮光滑发亮，与周围发区界限明显。脱发部分有呈一处或多处硬币大小的单发型，有数处连在一起的多发型，也有沿发际脱发的发际型，还有头发呈弥漫性地变得稀薄的弥漫型，症状不一。一般数月之内自然治愈。像这样轻微程度的脱发，大约每十人中就有一人会遇到。但也有从开始脱发后几个月之间头发全部消失的全头型，也有多发型脱发反复发生，直至眉毛、眼睫毛也跟着脱落的泛发型，这两种情况都难以治愈且易复发。

圆形脱发的原因

一般认为圆形脱发是由自我免疫系统出现异常引起的。当压力过大时，淋巴细胞可能将发根识别为异物而攻击之。近半数患者同时患有特应性皮炎，故而也被视为一种心因性疾病。

遭遇转学或换工作，乍然从一个熟悉的环境进入陌生的新环境时，无论是谁都会感到较大的压力。有时仅仅是在学校换了一个班级，或在工作中调换了部门，面对新的人际关系，也会同样感到压力。有时，周围的人员构成没变，但人际关系也可能突然变得险恶，或者被迫学习一些困难的东西。这样，遭遇人际关系的挑战，或是学习、工作难度超过自己的能力，都可能感到巨大的压力，引发圆形脱发。有时，仅仅出于个人原因，比如阅读深奥的哲学或科学书籍，也可能出现圆形脱发。

圆形脱发的应对

对圆形脱发的皮肤科治疗，症状轻微时，一般可服用促进血液循环的药物，或在脱发部分涂抹类固醇软膏。症状较严重时，可在脱发部分使用干冰或化学药品，引发炎症，从而使相应的淋巴细胞聚集，以驱散攻击发根的淋巴细胞，也可以全身照射紫外线。当然，症状严重时，一定要到皮肤科去接受专门治疗。

圆形脱发虽不关乎生命，但却可能影响一个人的外观，有的人可能因此不愿出门，觉得难以见人，生出次生的心理问题。这时，可以戴假发，扎头巾，或戴棒球帽，在外表上下一番功夫，也有利于减少不必要的烦恼。

其次，从心理上来说，如果是成人，知道是什么心理原因导致脱发，可以首先应对相应的问题。如果不明确，这也是大多数的情形，可以设法集中精力做必须做的事情，其他的尽量放手，并重新审视自己的生活。

如果是孩子，最好耐心与之交谈，详细了解学习、课外补习班等情况，减轻孩子的学习负担，并尽量改善周围环境。孩子承受着各种压力，但却没有分散压力的能力，所以就需要进行全方位的缓解。

让孩子吃好睡好，营造身心放松的环境也非常重要。还可以用毛巾热敷患部，改善血液循环，或者进行心理疗法上的自律训练等，都有利于放松身心。在人际关系方面，也可以多和喜欢的人在一起，增加身心愉悦的时间，这都有助于缓解症状。

（西田吉男）

09 拔　　毛

什么是拔毛

无意识之中不断拔自己的头发或体毛，或虽然意识到自己在拔毛，但却欲罢不能，这种状态或行为就被称为拔毛。由于拔毛行为总是反复发生，因此也被称为拔毛癖。大多数发生于 10 ~ 15 岁、自己开始有力气拔下头发时，不过也可见于幼儿和青年。相比较而言，在女孩子当中较为常见。拔毛的毛发包括头发、眉毛、睫毛、腋毛，甚至于全身的体毛。

拔毛的原因

拔毛是伤害一部分肉体的行为，因而可被视为一种自伤行为。例如在青春期以后发生的精神分裂症中，因为妄想，可能出现拔毛的自伤行为。还有，癫痫发作时，在意识模糊中，生命的感觉减弱，也可能会拔自己的头发。这些都是因疾病而出现的拔毛行为，也有纯属心理原因造成的。

孩子往往会因为过度的不安或紧张而出现一时的拔毛行为。

在心理分析上，有的认为拔毛是攻击性的代偿行为，而后渐渐成为癖习；也有的认为是通过拔毛来消解难以抑制的愤怒。关于拔毛的心理解释颇多，但在源于愤怒或攻击性这一点上是基本一致的。但为什么要拔毛？具体原因尚无定论。自弗洛伊德以来，一般认为任何行为都有其本身的心理意义，所以即便不知道确切原因，拔毛也是为生存下去而不得不采取的一种方式吧？

拔毛不痛吗？可是，看见拔毛，父母或老师不是会怒吼“干什么呢!”成功地引起他们的注意了吧？特别是对于女孩子来说，头发对于外表的意义太重大了，看见女儿拔头发，母亲一定会很快注意到吧？而且，小孩子个儿矮，对于个儿高的大人来说，他们的头发状况不是一目了然吗？还有，对本人来说，拔毛又不是致命的行为，想停时停下来即可，在不安或紧张时，拔毛造成的轻微疼痛不是会唤起生命的真实感觉吗？

总而言之，在某种情况下开始的拔毛行为，一定带来了某种心理上的满足，久而久之，想停也停不下来了。

拔毛的应对

如果拔毛行为非常严重，就必须仰赖医生做出正确的诊断了。青春期以后的拔毛行为，是否是精神分裂症或癫痫等疾病的症状之一呢，有必要进行确诊。如果是上述疾病，就应该首先进行疾病的治疗，其次才是心理治疗或改善环境等，否则不会有什么效果。采取药物疗法时，可口服抗抑郁药或抗不安药，都有比较好的疗效。

孩子的拔毛行为以心理原因居多，所以应避免过于关注拔毛行为本身，以免使问题继续恶化。孩子出现拔毛行为，大多由生活整体失衡所致，所以注意观察孩子是否有不拔毛的时候，如果有，是何种情形时，这是解决问题的关键。是在和朋友一起玩的时候，是兴致勃勃地玩游戏的时候，还是在亲戚家留宿的时候？用心找出孩子不拔毛的例外时间、场合或人际关系。不强制孩子做难度较大的家庭作业时，孩子是不是不拔毛了？找出不拔毛时的例外情况，就可找到解决问题的办法。父母可以作各种尝试，看孩子的拔毛行为是否相应减少。其次，还应少训斥孩子，积极帮助孩子减少人际关系上的紧张和不安。

当然，解决拔毛问题，也许最好的办法是父母首先忘掉它，与孩子同时沉浸在愉快的亲子交流中。具体来说，可以和孩子一起看电视，谈孩子感兴趣的话题，也可以闲聊或谈点社会新闻什么的，关键是与孩子一起共度快乐时光。还有，想为孩子做什么时，一定要跟孩子说明白并取得同意，否则贸然改变也可能给孩子造成新的不安或紧张情绪。

安心应对拔毛，无论是对父母还是对孩子来说，心理咨询都不失为一个好办法。如果孩子愿意，也可以选择心理疗法，以便让孩子充分表达自己。此外，游戏疗法可以让孩子尽情玩耍，艺术疗法则可以画画或做手工，都可以让孩子充分表现自我，极大地缓解不安或紧张情绪。

（西田吉男）

第10章

关于性的问题

01　性与心理

性横跨身心两领域，是作为生物的人类的最根本问题。和其他动物不同，人同时也是文化的、社会的存在，因此从心理的角度认识、理解性，思考其意义就至为重要了。还有，认识性，也不能单从成人社会的常识或伦理来考虑，还应从由生至死的整个生命历程来看。对待性，不能简单地以怪异、异常等进行定性。

婴幼儿期的性

人类不论男女，可以说性或性别意识、行为都始于母亲子宫内。比如说，男孩在子宫内可见阴茎勃起，出生后在各种刺激下也很容易出现勃起现象。而出生数周内的女婴由于有从母亲体内带来的雌激素，有时可见外阴膨胀，甚至有出血现象。

等到小手可以自由活动的时候，孩子会到处触摸，感知各种事物。有时可能触摸到生殖器，或看到男女不同的尿尿方式，从而性意识开始萌芽。一两岁时开始对自己或他人的身体感兴趣，到了三四岁，性好奇心变得旺盛，可见玩弄生殖器的现象。但这些行为只是单纯的玩要，碰巧进行，过后马上忘记，一般不是为追求性快感而为之。

儿童期的性

儿童期性的发育还不成熟，心理分析认为，这一时期以性的好奇心为主，性能量尚处于潜伏期。但在当今性信息泛滥的时代，父母们担心的则是如何保护自己的孩子免受性侵害。

9～10岁的男孩，已经不再将性仅仅视为一种动物行为了，而是表现出强烈的兴趣。另一方面，也开始对性表现出洁癖，排斥女孩的言行非常明显。猥亵、腼腆、掀裙子、与女生对抗、说女生的坏话，表现不一，但这些排斥的表现并不是厌恶，而是对异性积极的关心，是“情窦初开”。对笼罩着神秘面纱的性，怎么好意思直接问父母呢？于是，从伙伴们中间，从无处不在的媒体信息上，获得各种性知识，开始了朦朦胧胧的性觉醒和性别角色认知。

青春期的性

女孩的第二性征以突然来临的初潮为标志，发生于10～15岁。男孩的发育稍晚，会变声、长阴毛等，但并不像女孩那样有明确的标志性事件。也有数据显示，说女孩的性别意识始于初次戴文胸，一般早于初潮时期。

青春期出现的性变化大致可分为两类：一是性行为方面的，以外生殖器的成熟和出现性冲动为代表；一是生殖能力方面的，以排卵、生精功能的发育完成为代表。在这一时期，孩子无论在心理还是社会上都未获得成人的地位，但性冲动却已然出现，成为青春期的一大严峻挑战。性冲动难以抑制，随时都有爆发的可能。如果任由性冲动转化为现实的行动，恐怕会构成性犯罪吧？

虽然通过适当的性教育或学习，孩子们从理性上认识到控制性冲动的必要性，可当强烈的性冲动席卷而来时，具体又该如何应对呢？孩子们为此苦恼万分。关于性的电话咨询，尤其是从小学到高中学生的咨询件数非常之多，其中也可一窥端倪。内容以无法与伙伴们谈论性的话题，或无法与他人就性的问题进行比较而生的苦闷、自卑为主。具体来说，有自己的性体验是否正常，关于自慰的羞耻感或罪恶感，关于异性的性知识，对年长异性的爱慕之情等。有的缺乏一般常识，有的极具好奇心，情况不一而足。

形成、确立自我的时期，也是与性冲动较量、共处的时期，一般认为这一过程会持续到30岁左右。自己是谁，想成为怎样的人，将如何度过一生？这是以自己为赌注，不得不独自经历的过程。如果父母处处为孩子着想，总是防患于未然，时时施以援手，那么孩子确立自我、成长为大人的路途就会延长，也会经受更多挫折。男孩要成长为男人，存身立世，就必须从母爱的樊篱中挣脱出来，独自踏上心理成长的征途。在母亲看来，自己的儿子几乎变成陌生人，如此嚣张、叛逆，可这都是非常自然的现象。如果就此批评、否定、谴责，孩子可能重新回来做“乖儿子”。母亲是幸福了，可孩子呢？确立自我之路受阻，从此身负不幸，变成所谓的“孝子”。

与男孩相比，女孩似乎很少将自己的性冲动立刻转化为行动，但在对异性产生憧憬这一点上，两者是相同的。在现在的时代，女性也要求和男性一样，通过自身的努力取得成绩，获得社会地位，但在性问题上，似乎仍然处于被动的地位——接受男性。和男性的关系，本质上仍然是被动的。因此，会本能地回避男性，当然对自己心仪的男性并非如此。怎样在心理上陪伴、守护女孩成长为成熟女性，是这一时期的课题。直至确立自我，女孩会亲近母亲，以母亲为榜样。在跟母亲撒娇、争执的过程中，如果仍然维系着亲密的母女关系，那么女孩会在心理上顺利成长为女性。但如果与母亲关系疏远，则会非常寂寞，内心空虚。这对女孩来说实在是太残酷了，是非常难以忍受的。不知不觉间，她们可能从与男性的关系中寻求母亲的温情，继而从两性之间的肌肤之亲中感受温情。在如今色情充斥的日本社会，引诱女孩出卖性的手段层出不穷，更不用说还有无处不在的吸食有机溶剂、性混乱的陷阱。女孩的思想稍一松懈，堕落只在弹指之间。陪伴、守护女孩成长为自立、成熟的女性，是年长女性无可推卸的职责。

因此，关于性的问题，不仅需要从成长的角度，还需要从社会学、心理学的角度予以考虑。而性的思想、行为，就是应符合社会价值观的要求。有关性的心理疾病，比如性别认同障碍、偷女性内衣等，请参阅本章有关小节的内容。

（东山弘子）

02 玩弄生殖器

什么是玩弄生殖器

玩弄生殖器和吮指、咬指甲一样，是一种心理性癖习（习惯性地玩弄自己身体某部分的行为），与自慰行为不同，与性欲无关。在幼儿、儿童中，约有10%的孩子可见这种行为，女孩更为多见。

孩子是怎么开始玩弄生殖器的呢？一般来说，是偶然发生的，比如玩耍时生殖器碰到桌子，或洗澡时被妈妈触碰到了，孩子从中感受到快感。渐渐地，孩子可能主动寻求这种快感，将生殖器与枕头、桌子，或在地板上摩擦，或者双腿夹紧、放松，并逐渐成为习惯。孩子也大多意识到玩弄生殖器是羞耻的行为，所以多半偷偷进行，避人眼目。

不过，有的却是因为生殖器部位的皮肤或黏膜出现炎症，或因为不洁出现瘙痒而为之。这就需要保持生殖器部位的清洁，应对炎症。必要时可到皮肤科就诊，接受治疗。而且，无论如何，都需保持手的清洁，防止感染。

玩弄生殖器的原因

从婴儿到幼儿，孩子的身心发生巨大变化，成长迅速。处在成长期的孩子，一旦受到什么压力，身心就容易失衡，形成心理性癖习，表现为各种身体或心理性现象。在身体上，会出现感冒、发烧等症状；在心理上，也会因心理失衡而出现各种异常行为。孩子正是在身体、心理的各种挫折、失败中重新调适，变得越来越强壮，越来越坚强的。

从成长的角度来看，玩弄生殖器也是成长过程中的正常现象。在婴儿期，孩子由父母抱着，听父母跟自己讲话，看各种风景，或者让自己的小手去触摸各种物体，渐渐地感知这个世界，萌发对人或物的兴趣。进入幼儿期，孩子可以自己到处走了，用自己的小手去触摸各种物体。在惊喜的同时，会涌出各种欲求，“会做这个了，还想做那个。这是什么呀，想看一看。”孩子直接探索周围的世界，满足自己的欲求，感受、体验这个外部世界。

在探索中，孩子当然也会对自己的身体产生兴趣。“这是什么呀？大家出生时，生殖器都一样吗？好像男孩和女孩长得不一样呢，到底有什么区别呢……”因为好奇，生殖器又正好位于身体正中，所以可能不时触摸一下。其实很多孩子都有这种行为，也是一种自娱自乐的游戏吧，同拉扯自己的耳朵、吮指是一样的。看见孩子玩弄生殖器，父母可以轻言细语地告诉孩子，让他明白，“这是尿尿的地方哦，很重要的，一定要保持清洁，不要老去触碰啊。”父母以自然之心应对，渐渐地，孩子的这种行为就会减少，以至消失。

不过，看见幼小的孩子玩弄生殖器，似乎还乐在其中的样子，做父母的难免不会想到性、性交什么的。一时间头脑一片空白，不由自主地大声呵斥，或是感到太难为情，不知如何是好而假装看不见，但也可能觉得自己的孩子恶心。还有，会不会对身体有害呢？心理会不会变得不正常？各种担心纷纷涌现。但实际上，玩弄生殖器与性欲并没有直接的关系，而且与自慰一样，绝不会对身体造成伤害。

一般来说，玩弄生殖器是成长过程中的正常现象，不过有时也需要从心理的角度予以认识和应对，比如这种行为在日常生活中频繁出现，或已持续较长时间。触摸生殖器即是触摸身体。自己的身体是世界上不可替代的、确实的存在。只要伸手，它总是在那里，绝不会背叛自己或消失。触摸这样确实的存在，就可以获得安全感。换言之，心理是如此不安，才不得不一直触摸，以获得安全感。像这样触摸生殖器的行为，与孤独感、不安有着密切的关系。

一直独得父母的宠爱，可突然间弟弟或妹妹出生了，父母不再爱自己了，自己变成了陌生人；或者父母太忙，都没时间陪自己玩……每一天，孩子的心都受到各种震荡。孩子的内心正是在震荡、忍耐中成长的。因此，完全没必要让孩子避免各种不安或压力，让孩子像花朵一样置身于温室之中。孩子身心的成长需要适当的压力，关键在于如何感知孩子承受压力的度，是不是超过了他的承受范围。孩子承受压力过大时，会出现各种各样的症状。因此，孩子的症状也可以说是心里发出的求救信号，是衡量压力的标准。孩子如何应对这种压力？这不是学习来的，而是自己尝试，自然习得的，比如玩弄生殖器也是应对方法之一。

玩弄生殖器的应对

孩子玩弄生殖器，会让家长感到困扰，特别关注。对孩子来说，能得到父母的关注，这太重要了。看见孩子玩弄生殖器时，气急败坏地打和骂，一般也没有什么效果。相反，看见玩弄生殖器能引起父母的注意，即便是挨打挨骂，孩子也可能心甘情愿，结果愈加成为一种习惯。而威胁孩子生殖器会坏掉，脑子会变笨，都只会起到相反效果，使孩子的不安加剧，症状愈加恶化，甚至滋生其他问题行为。

发现孩子玩弄生殖器时，首先应查看生殖器的清洁状况，是否有炎症，并进行相应处理。切忌不论青红皂白一顿呵斥。其次是思考一下孩子是否受到什么压力，该怎样缓解，并做出相应努力。最后是带着孩子玩别的游戏，增加生活中的快乐，自然而然，孩子玩弄生殖器的行为就会减少，甚至消失。

如果这种行为仍然持续，则说明有必要从亲子关系入手，切实应对孩子的不安或孤独感了。

一般可采取心理疗法。由于孩子尚难以用语言表达自己，因而大多采用游戏疗法，让孩子通过游戏表现自己的问题，并进行相应的治疗。与成人通过语言进行的心理咨询不同，孩子是在游戏中传递出各种信息的。当然亲子关系不是父母一方，或是孩子一方的问题，还应从双方的互动上去考虑和应对。

（岩佐和代）

03 未成年的性

什么是未成年的性

未成年的性是指未成年男女在异性交往中越过普通的男女交往界限，即出现性或与性有关的言行。这个定义确实简单明了，不过要是有人诘问，“中学生、高中生进行性行为，究竟有哪儿错了?”父母或老师又该怎样回答呢?如果在性道德严格的时代，比如“只有已婚夫妇间才可有性行为”，那么未成年的性自是不被允许，这个定义也是任谁都会接受的。但是近年来，在日本，男女间的交往日益自由化，也越来越被社会所认可，理所当然，未成年的性问题也就变得更加复杂了。与吸烟、饮酒、夜不归宿一样，未成年的性也是法律所禁止的，但却不会对他人造成危害，也就是没有受害者。而且，正如性欲一词所示，异性交往是本能行为。因为是本能，所以也不是单凭法律禁止就能阻止的。

另一方面，作为父母，是深知克制性欲的难度，以及未成年的性的危害的。对于未成年的异性交往，他们无不私心企望，“至少别越过最后的底线——性行为。”为此，父母们也希望，关于异性交往，能有一个明确的规则，这样就可明明白白地告诉孩子了。其实，孩子也在寻求同样的答案。但事实是，在当今社会，关于异性交往，并没有明确的标准或正确的答案，结果，无论是父母，还是孩子，都只能私心忖度之了。

异性交往的阶段

一个人的身体、心理都得到同步的平衡发展，这是再好不过的事情。同样，和异性的接近、交往也是一个自然的过程，分为几个阶段。随着青春期的来临，孩子们对异性的兴趣骤然增大。第一阶段是自我沉醉、自我满足式的单相思，一般是对青春偶像等与现实有一定距离的人物的憧憬；第二阶段是单相思的对象逐渐转移到现实人物，比如日常生活中直接接触的校友等；第三阶段是向对方传达爱慕之情，也就是建立心灵之约。要建立心灵之约，首先必须学会表达自己的心意，同时还需要足够的勇气。其次是尊重对方的感受，即在交往中学会理解、尊重对方，双方互相确认彼此的心意，最终建立恋爱关系。第四阶段，随着双方交往、相互理解的加深，双方亲近的方式也由语言发展到牵手等身体接触。不用说，从初遇到性行为，是需要经过数个阶段、相当时日的。由普通的男女关系而成为恋人，正如冰融化为水，是一个漫长的、渐进的过程。首先是被对方的热情所感动，继而接纳，以至心心相印。在这一过程中，既有心灵的逐渐接近，也有精神层面上相互尊重的加深，最后才水到渠成，成为恋人。

但是，大多数关涉到未成年的性，从初遇到性行为，时间都非常短暂，异性正常交往中的若干阶段被省略了。下面看一名初三女生的典型例子。

有一天，女孩被好朋友背叛了，那是她唯一的、最亲密的朋友。她受到的打击可想而知，却没有其他朋友可以诉说，更没有勇气向父母提起。她独自一人在烦恼中度日，成绩也下降了。父母和老师注意到女孩成绩下降了，却无由察知她是为失去朋友而烦恼。不巧的是，正在这个时候，父母闹起了离婚，家里的气氛变得冷漠、疏远。孤独的女孩来到大街上，漫无目的地闲逛，希望驱散自己内心的寂寞和孤独。很老套地，一个男人前来搭讪，亲切、关怀、善解人意的语气，一下就将女孩俘虏了。女孩还从未被陌生男性这样宠爱过，双方很快发展到性关系。女孩太年轻，只知以性维系双方的关系，虽然时时处于罪恶感中。女孩的穿着打扮、化妆越来越花哨，可父母和老师却只在意大家的评价，批评女孩不该那样，却未发现女孩内心的寂寞。在与男人交往半年后，女孩怀孕了，男方幡然变脸，冷漠地离去。女孩怀孕三个月后才不得不跟母亲说明真相。

女孩是在好朋友的背叛、父母离婚和孤独无援中陷入痛苦深渊的，她终于走上与异性交往的道路，以求解救自己。在青春期，原本应谋求身心的同步成长，可女孩却不惜牺牲自己的心，以身体去寻求理解，这不能不说是一种讽刺。

青春期的孩子可能因为一点儿小事就感到极度不安，或仅仅因为朋友的邀约而迷失自我。因为这种不安、内心的动摇而自暴自弃，开始有性行为的孩子不在少数，对此，父母应充分警觉。

未成年的性的应对

在人际上，孤独的反义是心心相印。当一个人能将自己的感情、想法直率地表达出来，而对方也能诚恳地倾听时，双方大概算得上是心心相印了吧？当然，要做到心心相印，双方的相互理解和信赖也必不可少。同样，亲子之间也需要培养信赖关系，只有这样才能坦诚交流，畅所欲言。

当发现青春期的孩子开始与异性交往时，父母首先应该送上祝福。然后，可问一下孩子，是喜欢上了对方哪些地方或优点，如果可能，可邀请来家里玩，由全家人守护他们的公开交往。当孩子问起有关性的问题时，应该诚实地回答，支支吾吾、含糊其辞反而会让孩子不信任。性当然有其私密性的一面，但未成年的性行为往往发生在偷偷摸摸的异性交往中。所以，应该祝福孩子的异性交往，并在家里为他们提供公开交往的空间。近来，在大街上、公园里，一些情侣热烈地搂抱、亲吻，其毫无顾忌之态，已不仅仅是让人无语了。可以说，正是不能在家中公开交往，他们的亲密行为才在公众面前展示了。

其次，当得知孩子有性行为时，父母又该怎样做呢？父母的态度各种各样吧。比如，有的父母会教育孩子，“你的行为与年龄不符，还是长大以后再说吧。”如果孩子反问，“我们相爱，用得着你们管吗？”父母岂不理屈词穷了。有的孩子还可能问，“哪儿不正当了？”做父母的有几位能理直气壮地回答，什么才是正当的异性交往呢？不过，著名心理学者河合隼雄介绍了一个案例：在倾听了女孩的谈话后，他明确告诉她，“你的行为缺乏合理的理由，是不对的，应该停止。”女孩听了后，再也没有进行不正当的异性交往了。

由此可以看出，在青春期情绪急剧变化的时刻，父母的理解、支持是必要的，而且应坚定地陪伴在他身边，给他以切实的忠告。当然，这需要亲子间的相互理解和信赖。父母的忠告不是随时代变迁而变化的常识，而是以人生为赌注换来的生存经验和智慧。它是孩子认识现实世界的起点，是展望光明未来的基石。孩子会从父母的理解、守护中领悟到这一点的。

面对孩子的性行为，父母们容易流于表面，仅仅关注结果或问题的解决：如果怀孕，是做人流手术，还是生下来？是让孩子继续和对方交往，还是终止？不过，这是应由孩子双方自己决定、自己寻找解决办法的事情，父母只需在一旁守护。孩子在追求幸福、寻找人生意义时，父母只能从旁协助，让孩子自己作决定。

不过，父母并不是时时都是冷静、客观的。俗语说，旁观者清。有时可以向相关机构咨询，不安、动摇说不定可以得到有效缓解。毕竟，智慧需要冷静。

（林 民和）

04 自　　慰

什么是自慰

所谓自慰，就是指用手等刺激自己的生殖器而寻求快感或获得性满足的行为。据报告，自慰大多始于青春期，男性达 90%，女性达 50% 以上，可以说是人类一种非常普遍的性行为。

从前，自慰也被称为手淫，被认为是对自己的冒渎，是可耻的行径，因而难以公开谈论。尽管明了性教育的迫切性，但父母仍然很难开诚布公地与青春期的孩子谈论这个话题。父母本身就觉得太难为情、困惑多多，尤其是面对异性的孩子，更是张口结舌。结果，关于性的教育，大多是父子、母女代代相传。

实际上，仅仅在大约 100 年前，人们才认识到自慰是人类的自然行为。在日本，生物学家山本宣治在调查研究中发现，一直被人们诅咒的手淫，实际上对人类来说是很自然的现象，于是其称谓也在岁月的流逝中演变为自慰。

自慰的原因

男孩有遗精的生理现象。初次遗精的年龄因人而异，大致在13岁左右。人体每天会产生八千万到一亿个精子，储存在附睾中。由于附睾的储藏量有限，除一部分被身体吸收外，其他精子会自然而然地流出体外。睡眠中发生的遗精被称作梦遗，而在白天运动或与朋友打闹时受到突然的刺激而出现的遗精被称为滑精。对男孩来说，遗精是正常的生理现象。所以，自慰是满足身体本能需求、生理需求的自然行为。如果强行忍耐，则会造成严重的身体负担，以至于出现失眠、心情烦躁等现象。

与男孩不同，在生理构造上女孩没有排出精子这样迫切的需要和冲动。不过，女孩的自慰也是自然行为，当然也有完全没有经历过自慰行为的。自慰会产生快感，而追求快乐是人类的本性。

自慰的应对

在日本，现在的孩子，不论愿意与否，都会在各种场合接触到有关性的信息。面对电视、杂志、街头广告上充斥的各种性的信息，孩子们是如何看待的呢？是否受到不良影响？父母们的担心也不无道理。在日本，孩子们从小学四年级开始接受性教育，但现实情况是性的话题仍然在家里难以谈论。因此，父母可趁孩子在学校学习性教育课程的时候，在家里问问孩子的感想、对性的看法，了解孩子对性是否有误解或错误的认识。当然也没有必要强迫孩子谈论这个话题。如果孩子吞吞吐吐、顾左右而言他，可告诉孩子，“难为情吧？性的话题是很重要的，没有什么可难为情的。如果有什么不懂的，可以随时来问啊。”如果孩子询问，父母要尽其所知如实回答。

有时，父母可能撞见孩子的自慰行为，或者发现孩子慌慌张张地隐藏什么。父母可能情急之下乱了方寸，要么训斥的话张口而出，要么自己先感到十分难堪而无所适从。

自慰不会让人心灵扭曲吧？会不会对身体造成伤害？会不会造成性功能异常？很多父母都有诸如此类的担忧，不过，这完全是没有根据的。

自慰行为也是孩子的身心一步步成长为成人的证据。与儿童不同，进入青春期的孩子开始拥有自己的秘密，学会掌控自己的性。而且，爱惜自己的身体、珍爱自己，有什么值得可耻的呢？一个人要学会爱他人，首先得学会珍重自己、珍爱自己。

性之于人、于生物、于生命来说，可谓头等大事。自人类诞生以来，生命绵延不绝，一代代繁衍生息，正是因为有性。性欲同食欲一样，是人类的本能，是生存的力量。不过，性欲并不是随时随地都可率性而为的，它需要自我控制。

因此，自慰行为必须在属于自己的时间和空间里进行。为此，父母应为孩子提供私密的空间，认可、保护孩子的隐私。只有这样，才能充分培养孩子的自我控制能力。

有时，有的父母不免感到惊异：自己的孩子还小呢，怎么就对性产生兴趣了呢？也有的孩子可能有某方面的身体或心理障碍，结果，父母可能因此而忽略了孩子性方面的发育。其实，伴随着身体的成长，任何孩子都会有青春期的到来，都会作为独立的个体开始对性产生兴趣。

对男孩，父亲，或相当于父亲的存在，应该找机会跟他讲讲身体上的变化，以及关于自慰的事情，即要注意保持卫生习惯、在私密的空间进行、不可让他人卷入其中、要自己善后，还要告诉孩子性并不是肮脏的事情。要开诚布公地谈，不要觉得难以启齿。

不论孩子的性别如何，父母都不可将自慰行为或性视为肮脏的、忌讳的事物，并向孩子传递这种观念。否则，这种误解或偏见就可能深深植根于孩子心目之中，孩子就可能对性或自慰行为产生极度的罪恶感，强行压抑自己身体的自然需求，最终损害身心平衡，出现情绪不稳。

父母们应谨记：对于青春期的孩子来说，自慰是非常自然的行为。

（岩佐和代）

05 性别认同障碍

什么是性别认同障碍

即是指生理构造上完全是男性或女性，但却相信自己应该是异性的性别认知障碍。如果人类的性别只以生理构造来判断，那也许就不会出现这种混乱了吧？但人类的性别除生理因素外，还含有时代文化背景影响下的心理、社会因素，即性别认知。在性爱上，性别认知也同样发挥作用。性别认同障碍就是生理构造上的性别与性别认知上的性别之间的错位造成的。不过性别角色出现混乱的人，并不都是性别认同障碍，大多是其他类型的相关障碍。

比如易服癖和同性恋，就容易与性别认同障碍相混淆。但如果易服癖或同性恋的人，在性别认知上认同自己的生理性别，则不是性别认同障碍。易服癖穿上异性服装是为了获得性兴奋，同性恋也只是性爱的对象是同性而已。当然性别认同障碍中也不乏易服癖或同性恋，但穿着异性服装是为了与自己的性别认知相统一；即便性爱的对象在生理上与自己是同性，但在性别认知上仍然是异性恋。现在大街上被人们称作非男非女的人，有些是性别认同障碍，有些就不是。另外，也有因染色体或性激素异常，而出现生理性别不明确的阴阳人，他们也不属于性别认同障碍。根据美国的研究，性别认同障碍的发生率，男性约为三万分之一，女性约为十万分之一，所以应属于一种罕见障碍。

什么是性别认同

就是指接受自己的生理性别，并拥有该性别的性别认知形象。性别认同包括核心性别认知和心理、社会层面的性别认知，即心理性别认知。核心性别认知在一岁半左右形成，是关于自己性别的基本认识，一旦形成就很难改变，终生不会受到环境影响；而心理性别认知以核心性别认知为基础，在环境和文化的影响下，终其一生不断变化发展。

心理性别认知与一个人的社会性同时产生、发展。三岁男孩可能不再喜欢涂抹妈妈的口红，转而开始模仿爸爸，意识到自己和爸爸是同一性别；而女孩也开始在游戏中更多地模仿妈妈。在环境的影响下，孩子逐渐形成社会文化所要求的心理性别认知。再后来进入青春期，第二性征开始发育，身体发生急剧变化，变得越来越像成年男性或女性，性别意识也不断强化。这时，孩子开始在心理上成长为男性或女性，获得相应的性别角色，同时也开始确立自我。因此，在青春期，性别认知形象容易摇摆，性别认同、性别角色都容易出现混乱。

性别认同障碍的分类

性别认同障碍可按形成阶段分为原发性和次生性两种。原发性被认为是由核心性别认知障碍造成的，从记事时起就有相反的性别意识。一般来说，原发性的性别错位感非常彻底，始终希望转换性别。在确诊的原发性性别认同障碍中，女性多于男性。而次生性性别认同障碍的人，在小的时候并无特别的性别意识，只是到青春期后才萌生性别错位感，大多也不希望进行变性手术。他们可保持现有的生殖器，也能安于现状，按社会要求的性别角色生活。因此，按是否强烈希望进行变性手术，原发性的、具有核心性别认知障碍的人被称为异性者，而次生性的则被称为跨性者。

另外，存在某种性别错位感的人则被称为性别错位综合征，比如，易服癖者，平时按生理性别生活，只是偶尔穿上异性服装并获得某种满足；还有生理上的阴阳人。不过，在临床上，相关分类并不如此简单，易性者和跨性者在治疗过程中，本人的性别认识也可能发生变化，因此诊断时须慎之又慎。

性别认同障碍的原因及治疗

对于性别认同障碍的原因，具体来说目前尚不明确。以前人们认为受环境影响的可能性较大，而现在生物学方面的因素也开始受到关注。近来，随着对大脑研究的不断进步，人们发现，胎儿在出现生理构造上的性别分化时，大脑也同样受到性激素的影响。而且，在出生后到六个月之间，性激素继续对性别分化产生影响。因此，有理由认为，从记事时起就有性别错位感的人，可能在发育之初，生理结构的性别分化与大脑的性别分化就存在不一致的地方。1996 年，在听取了琦玉医科大学伦理委员会关于变性治疗的审议结果后，日本精神神经学会认定，易性者是由胎儿期的生物学异常造成的。1998 年，在日本，变性手术得到法律认可，并实施了第一例变性手术。

对于性别认同障碍，首先应进行心理治疗，包括详细听取其成长经历。一些有性别错位感的人，可能在心理治疗中，找到适合自己的生活方式。其次是激素疗法，但在此之前则需进行实际生活体验，即以异性的性别角色，在现实生活中生活、体验，可能发现与自己当初的想象迥异。如果经过长期的实际生活体验，仍然希望变为异性时，则可考虑进行激素疗法。服用激素可以出现外观上的异性特征，心理上也会发生相应变化。如果经过长期的心理治疗和激素治疗后，仍然觉得非变为异性身不足以生存下去，则可考虑进行变性手术。

帮助孩子形成性别认同

有性别认同障碍的人，不仅忍受着生理性别与性别认知的不一致，还遭受着与他人格格不入，以及自我认知不稳定的折磨。在现实生活中，拒绝上学、摄食障碍的发生率也比较高，还容易患抑郁症，而且自杀率也相当高。如果孩子不幸有性别认同障碍，作为父母，该如何协助，给予心灵支持，帮助孩子拥有自己的人生呢？父母应认真考虑该如何与孩子交往，如何才能走进孩子的内心。在临床上，母亲似乎比父亲更容易接受、理解这样的孩子，但遗憾的是，很多患有性别认同障碍的人，完全得不到父母的理解，与父母和亲戚断绝关系，终其一生孤独地活着。

不过，如上所述，真正的性别认同障碍是罕见的。另一方面，孩子中出现一时的性意识或性别角色混乱则并不罕见。比如，青春期的女孩，面对自己成年女性的身体无所适从，故意做出假小子的样子和行事；而青春期的友谊更是带有同性恋的色彩。在和同性同龄孩子的亲密交往中，他们学会了脱离父母，开始了异性恋的准备练习。对于孩子一时的性别角色混乱，父母只需耐心守护，大可不必为之忧心忡忡，因为这正是他们形成性别认知的正常过程。父母能给予的最大支持，莫过于向孩子展示作为男性或女性的生存方式。通过家庭中的男性或女性榜样，孩子会在心目中描画出自己理想的男性和女性形象。无疑，作为一对夫妻的父母，就是孩子最接近的男性、女性榜样。

不过，做孩子的榜样，对父母来说也并非易事。因为作为成人，也并不意味着他的性别认知已臻于完美境界。夫妇之间的摩擦，看起来似乎是和作为伴侣的那个人之间的冲突，但由两性之间的互不理解而生的矛盾也不在少数。只有充分理解自己的性别特点，才可能真正理解异性；反之，对异性的理解越充分，对自己性别特点的认识也越深刻。坦诚地接受、演绎好自己的性别角色，努力理解、厚待作为自己伴侣的异性，一个人的性别认知就会得到发展、充实。而对自己的性别角色漠然以对，固守成规的父母，是难以为孩子做好榜样的。

（水户淳子）

第11章

关于心理创伤

什么是心理创伤

近年来，人们开始越来越关注遭遇事件、事故或灾难的人群，并注重为他们提供心理援助。在突如其来的灾难面前，很多人会受到严重的精神刺激，感受到强烈的恐惧感或无助感，并持续较长时间，这种现象被称为心理创伤。

心理创伤，在日语中也被称为“心理外伤”，是指遭遇创伤性事件后，内心宛若受了外伤一般，出现开放性伤口，正在向外汩汩流血。一般来说，在各种突发事件中，身心或社会的弱势人群更容易受到伤害。孩子们更是如此，仅在日常生活中就可能遭遇各种危险。孩子们被卷入越来越多的伤害案件中，还有的孩子在事件或事故中失去父母。在 1995 年的阪神大地震中，不少孩子就失去了父母或兄弟姐妹。

心理创伤不同于心因性疾病。人们在日常生活中也遭遇各式各样的压力。压力会给身心带来不快，并在不知不觉中影响身心健康，甚至出现各种症状。心因性疾病就是由压力造成的典型的现代病。它是由日常生活中产生的压力长期郁积而成，而非受突发的、创伤性事件的影响。另外，同是一个事件，对大多数人来说可能无足轻重，但对某个个人来说，其震撼可能无比巨大，并引发剧烈的情绪波动，但这也不被视为心理创伤。心理创伤一般不以个人的心理感受来判断，而是由大家公认的、突发的创伤性事件引发。

心理创伤的表现

孩子心理创伤的表现不一，其中以 PTSD（创伤后应激障碍）最为典型。PTSD 是因遭遇强烈的创伤性事件而出现的综合征，通常持续一个月以上。其症状包括三类：①对所有的声响或光线等刺激过度敏感，非常不安、烦躁，情绪无法稳定下来。也难以控制自己的情绪和行为，过于惊恐不安。②遭遇创伤性事件时的体验、情绪不断重现，不受本人意识左右。它可能在玩耍中再现，或不断重复相同的话语，有时甚至表现为暴力。③遭遇创伤性事件时的体验仿佛从意识中消失，有关记忆或感受变得模糊。长时间表情呆滞，神思恍惚。

不过，PTSD 只是孩子们心理创伤表现的一部分。对孩子来说，心理创伤更多地表现为身体症状，比如头痛、腹痛、持续瘙痒、便秘、腹泻、噩梦、夜惊等。还可能出现退行行为，比如遗尿、吮指、用奶瓶喝水、像婴儿般喃喃自语，似乎回到年龄更小的时候。而且，表现出强烈的不安，尤其害怕自己独处，比如害怕一个人留在家里看家、不愿意一个人待在自己的房间里、总是想与父母待在一起。总是跟在父母后面，连去卫生间也要跟着。

洗澡、睡觉，没有父母在身边也不行。

心理创伤的应对

孩子出现心理创伤的各种表现时，该如何应对呢？

首先，要告诉孩子，遭遇创伤性事件，出现这些情绪或表现都是正常的，并不是他所特有。孩子可能会问，为什么灾难会降临到自己身上，自己是不是做错了什么？这时，父母可以这样回答，“至于为什么会发生，我也不知道，不过我知道一定不是你做错了什么，这一点我确信。”孩子在成长中自然会理解事件的意义，也明白为什么会遭遇这样的事件。为此，孩子也有必要体验某种不愉快的感觉，这些既可能在日常会话或玩耍中表现出来，也可能以问题行为的方式表现出来。但是，当孩子出现以下情形时，则需寻求专业人士的帮助：①透露出自杀的想法，或出现自伤行为；②情绪极度不稳，多次出现惊恐状态；③拒绝与任何人接近，完全拒绝出门；④出现显著的身体症状，如呼吸困难、眩晕等。

其次，当孩子询问是否还会遭遇同样的创伤性事件时，要以坚定的语气告诉孩子“不会”，并注意缓解孩子的恐惧心理。年幼的孩子可能难以用语言表达自己的不安情绪，或表述自己的创伤性体验；相反，他们可能表现得烦躁不安、行动粗暴、随心所欲、任性。此时，父母一定要注意不可随意批评、否定孩子。即便不得不制止孩子时，也要尽量保持冷静，明白告诉孩子自己的想法。切不可训斥。

最后，生活作息有规律，让孩子做一些力所能及的家务，承担部分责任，并予以表扬，感谢孩子为家人所做的努力。当孩子渐渐恢复健康时，可以开始一些轻微的室内运动，父母和孩子一起做更好。

总之，孩子心理创伤的表现不一，但根本的一点，是要认识到这些表现都是自然的、正常的现象，只要应对得法，假以时日，都会渐渐缓解，以至消失的。

家庭的应对

孩子遭遇创伤性事件时，父母往往也会受到巨大冲击，变得手足无措。父母的不安情绪反过来也会传染给孩子，让孩子愈加不安。因此，父母首先应冷静下来。当然，这并不容易，毕竟是发生在自己孩子身上的灾难，不是别人。有时，父母也可能同样遭受伤害。父母要注意不可太过焦灼，太勉力为之。有时为了照顾孩子，父母可能鼓着一股子劲儿，拼命努力，结果自己变得烦躁不安，身体倦怠乏力，甚至出现身心耗竭的状态。如果开始鞭策自己“必须努力!”这就是危险信号。这时，就应寻求心理医生或咨询师的帮助，因为是自己的孩子遭遇了创伤性事件，难以应对日常生活中的种种烦恼也就不足为奇了。

其次，家人应齐心协力共同应对。孩子面临的危机，并不只是孩子一个人的，而是全家人都需要一起应对的。只有认识到这一点，一家人才能团结一致，共同应对挑战。在心理重建上，目标也不是回到创伤性事件发生之前的心理状态，因为这是不可能的。事件已经发生了，这是确凿无疑的，也同样刻在了家庭的历史上。对创伤性事件这一事实，既不能逃避，也没必要做出过度反应，而是将这一经历、体验，纳入人生当中，纳入家庭生活的历史当中。只有认识到这一点，心理重建才能取得良好效果。

孩子不谈论所经历的创伤性事件，并不意味着已经忘却，或不再在意，或已经康复。有的孩子可能只有被问起时才会谈论。如果孩子没有出现什么症状，日常活动如学习或玩耍照常进行，那么也没必要特意提起所经历的创伤性事件。对孩子来说，心理创伤也许已变成旧伤疤似的，不触不碰反而无碍。也有的孩子可能一生都不会表现出来。或者应对心理创伤也有时机的问题，不是什么时候都可以贸然应对的。当时机来临时，不逃避、积极应对，这才是最重要的。毫无疑问，何时、如何应对心理创伤，取决于本人。简而言之，是本人的心理在康复或重建，而不是其他人。孩子正处在成长时期，心理创伤有可能在成长过程中自愈。而父母、老师能做的，不正是守护吗？也就是为孩子提供可以自我治愈的环境。而“坚强点儿”、“尽快康复吧”之类的话，自是与“守护”背道而驰的，应切记。

（西井克泰）